国家级水产科学实验教学示范中心——水产类实验系列教材

生物饵料培养学实验指导

黄旭雄　主　编

魏文志　副主编

科 学 出 版 社

北 京

内 容 简 介

本书根据生物饵料培养学的课程教学内容编排了 22 个实验,内容包括光合细菌、微藻、褶皱臂尾轮虫、卤虫等常用生物饵料的分离筛选、小型培养及营养强化等实验技术,既突出了生物饵料培养的基本实验,又增加了训练学生科研创新能力的综合性实验。

本书可作为农林院校、综合性院校等水产养殖、水族科学与技术、动物科学、生物科学等相关专业的实验教材,也可供与生物饵料培养相关的研究生、教师和科研人员参考。

图书在版编目(CIP)数据

生物饵料培养学实验指导/黄旭雄主编. —北京:
科学出版社,2013
ISBN 978 - 7 - 03 - 037556 - 8

Ⅰ. ①生… Ⅱ. ①黄… Ⅲ. ①饵料生物-培养(生物)
-实验-高等学校-教材 Ⅳ. ①S963.21 - 33

中国版本图书馆 CIP 数据核字(2013)第 109425 号

责任编辑:陈 露 封 婷
责任印制:刘 学   /封面设计:殷 靓

科 学 出 版 社 出版
北京东黄城根北街 16 号
邮政编码:100717
http://www.sciencep.com
南京展望文化发展有限公司排版
广东虎彩云印刷有限公司印刷
科学出版社发行 各地新华书店经销

*

2013 年 6 月第 一 版   开本:787×1092 1/16
2024 年 1 月第十六次印刷 印张:4½
字数:92 000
定价:20.00 元

前　言

　　凡是生活在海洋、江河、湖泊等水域中,可供水产动物食用的水生微生物、动物和植物,均可视为饵料生物。其中,某些经过人工筛选、能够进行人工培养、适合养殖对象食用且优质的饵料生物,则称之为生物饵料。随着水产增养殖学、水产动物营养学、环境科学、发育生物学等学科的发展,有关生物饵料的培养及研究已成为开展相关研究的重要基础和关键技术之一。

　　生物饵料培养学主要是研究生物饵料的筛选、培养及其营养价值评价的一门应用性学科。主要任务:一是不断筛选易于人工大量培养,能够满足特定阶段(主要指幼体阶段)经济水产动物生长发育的生物饵料品种;二是研究和总结各种生物饵料在特定环境下,种群生理生态、繁殖生长特性、规模化培养的理论,提高规模化稳定培养的技术水平;三是根据水产动物幼体的营养需求特点,在规模化培养的基础上,研究和评价生物饵料的营养价值,并采用特定的技术手段和措施(营养强化)以提高培养的生物饵料营养价值,使其营养更加全面,能更充分满足水产经济动物幼体发育所需,提高水产经济动物幼体发育的成活率和变态率。生物饵料培养学是一门交叉性的应用学科,它与水产动物增养殖学、水产动物营养和饲料学、微生物学、环境生物学、水生生物生理生态学、水生生物学、发育生物学有密切的关系。

　　本书以面向21世纪水产增养殖学的发展趋势、实践教学、研究工作和生产性操作需要为原则,共编录22个实验,内容包括光合细菌、微藻、褶皱臂尾轮虫、卤虫等常用生物饵料的培养及营养强化等实验技术,基本适应了不同层次教学、科研和生产的需要。

　　本书编者长期从事生物饵料培养的科研和教学工作,汇集了相关研究成果和经验,撰文成章。尽管编者广泛地收集了国内外最新的研究资料,认真编撰,但由于水平有限,遗漏和错误在所难免,欢迎广大读者批评指正,在此表示感谢。

上海海洋大学　黄旭雄

扬州大学　魏文志

2013 年 1 月

目　录

实验1 光合细菌的分离纯化

【实验目的】

掌握从高浓度有机废水或污泥中分离纯化红螺菌科光合细菌的技术。

【实验原理】

光合细菌（photosynthetic bacteria,PSB）是地球上最早出现的具有原始光能合成体系的原核生物,具多种异养功能（固氮、脱氮、固碳、硫化物氧化等）,与自然界物质循环（氮、磷、硫）有密切关系,在自然净化过程中起重要作用。

红螺菌科光合细菌细胞内含有细菌叶绿素 a 或 b 和各类胡萝卜素,能进行不放氧光合作用,大多数种类能以有机物作为其光合作用的供氢体和碳源,故广泛存在于受有机物污染的地方。因此,采集有机物污染严重的水样或土样,并在合适的条件下对水样或土样进行富集培养,可以使光合细菌成为水样或土样中的优势种群,然后配制可供光合细菌生长繁殖的特定培养基,通过平板划线等方法,可以获得单菌落,从而分离得到纯化的光合细菌菌株,以满足后续实验及生产的需要。

【实验材料、仪器和试剂】

1. 实验材料

1 000 ml 白色具塞磨口玻璃瓶、塑料薄膜、橡皮圈、干燥器、培养皿、接种环、酒精灯。

2. 实验仪器

高压灭菌锅、电子天平、烘箱、超净工作台、摇床、酸度计、恒温培养箱、冰箱。

3. 实验试剂

NH_4Cl、$NaHCO_3$、KH_2PO_4、CH_3COONa、$MgSO_4 \cdot 7H_2O$、$NaCl$、$FeCl_3 \cdot 6H_2O$、$CuSO_4 \cdot 5H_2O$、H_3BO_3、$MnCl_2 \cdot 4H_2O$、$ZnSO_4 \cdot 7H_2O$、$Co(NO_3)_2 \cdot 6H_2O$、$NaOH$、Na_2CO_3、生物素、维生素 B_1、烟酸、对氨基苯甲酸、焦性没食子酸、琼脂。

【实验步骤】

1. 采样

在豆制品厂、淀粉厂等食品工厂废水排水沟处选择呈橙黄色、粉红色的块状沉积物,采集表层少许有颜色的泥土（约 50～100 g）,连污水一起放入 1 000 ml 白色具塞磨口玻璃瓶中带回实验室。同时记录采样的地点、日期、水温、pH、是否有 H_2S 等气味。

2. 富集培养

（1）富集培养基的配制　　用电子天平按顺序称取表 1-1 所列试剂。

表 1-1　光合细菌富集培养基（引自陈明耀,1995）

试　　剂	用　　量
NH_4Cl	1.0 g
$NaHCO_3$	1.0 g

续　表

试　　剂	用　　量
KH₂PO₄	0.2 g
CH₃COONa	1～5 g
MgSO₄·7H₂O	0.2 g
NaCl	0.5～2.0 g
T.m 贮液*	10 ml
生长素辅助因子贮液**	1 ml
蒸馏水	1 000 ml
pH	7.0

* T.m 贮液：将 50 mg $FeCl_3·6H_2O$，0.05 mg $MnCl_2·4H_2O$，0.05 mg $CuSO_4·5H_2O$，1 mg $ZnSO_4·7H_2O$，1 mg H_3BO_3，1 mg $Co(NO_3)_2·6H_2O$ 溶解到 1 000 ml 纯水中配制而成。

* * 生长素辅助因子贮液：将 1 mg 生物素，100 mg 维生素 B₁，0.1 mg 烟酸，10 mg 对氨基苯甲酸溶解到 1 000 ml 纯水中配制而成。

将上述试剂分别溶解，然后混合，注意防止沉淀产生。高压灭菌锅灭菌（压力 0.1 MPa，温度 120 ℃，灭菌 30 min）后，用 NaOH 溶液调节 pH 至 7.0。

（2）富集培养　将富集培养基装满放有样品的白色具塞磨口玻璃瓶，盖上瓶塞，让多余培养液溢出，使瓶内无气泡，瓶盖外再用塑料薄膜裹住，用橡皮圈扎牢，减少水分蒸发。然后把玻璃瓶放置于温度 25～35 ℃、光照强度 5 000～10 000 lx 的条件下进行富集培养，直到玻璃瓶上出现红色光合细菌菌落或整个培养液变成红色（一般需要 2～8 周）。

3. 分离

（1）标记　在培养皿底部玻璃上，用记号笔注明接种的菌名、接种者姓名、班级、日期等。

（2）平板的制作　在富集培养基中加入 2%～3% 的琼脂，用高压灭菌锅灭菌后，在培养基冷却凝固前，在紫外灯预先消毒的超净工作台内倒平皿，制作成固体培养基平板。将制好的平板在 37 ℃恒温培养箱培养 24 h，确认培养基平板上无菌斑生长。然后冰箱 4 ℃保存备用。

（3）划线接种　右手持接种环于酒精灯上烧灼灭菌，待冷。取经富集培养的混合光合细菌菌液，用灭菌的接种环蘸取菌液一环；左手持平皿，用拇指、食指及中指将皿盖打开一侧（角度大小以能顺利划线为宜，但以角度小为佳，以免空气中细菌污染培养基）；将已蘸取待分离光合细菌菌液的接种环伸入平皿，并涂于培养基一侧，然后自涂抹处成 30～40°角，轻轻接触，接种环不应嵌进培养基内，而应以腕力在平板表面轻轻地分区划线（见图 1-1）。

4. 厌氧培养

将划线后的平板转移到厌氧条件下培养。一般将培养皿倒放入干燥器，干燥器基部装焦性没食子酸（1 g 焦性没食子酸可吸收 1 cm³氧）和 10% Na_2CO_3 溶液进行化学去氧；干燥器抽真空（有条件再充入无菌氮气进行物理除氧）。干燥器置于 28～30 ℃下，光照条件 5 000 lx 下培养 3 天，开始出现红色小菌落，5 天单菌落生长良好，挑选单菌落重复分离若干次（3 次以上）直至得到纯培养单菌株，做进一步的培养鉴定。

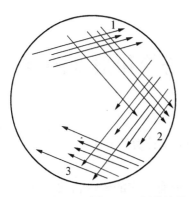 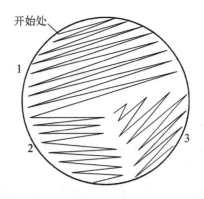

图 1-1 划线接种示意图(引自黄秀梨,1999)

【注意事项】

1. 配制富集培养基时,某些无机成分如钙、镁、硫酸根等离子在一起可能会发生化学反应,产生沉淀物。为避免此现象发生,配制培养液所需的药品采用等级较高的分析纯,最好采用纯度高的重蒸馏水溶解。各种化学药品必须先以少量重蒸馏水使其充分溶解后才能混合,混合速度宜慢,边搅拌边混合。

2. 划线分离时每次应将接种环上多余的菌体烧掉,且划线时不能重叠。

3. 高压灭菌锅使用时需有人看守,只有当压力回复到"0"时,方可拉开气阀放气,平衡锅内外的气压差,随后拧开锅盖上的紧固螺栓,打开锅盖取出灭菌材料。

【实验报告】

记录本次实验的步骤。特别记录富集培养、分离及光合细菌培养过程中观察到的现象。

【思考题】

1. 划线分离时为什么每次都要将接种环上多余的菌体烧掉?划线时为何不能重叠?

2. 在恒温箱中培养微生物时为何培养皿均需倒置?

(魏文志)

实验 2　光合细菌的培养和浓度测定

【实验目的】

掌握培养基的制备过程、光合细菌的培养和菌落计数的方法。

【实验原理】

同其他微生物一样,光合细菌的生长繁殖需要有一定的营养物质支撑。由于光合细菌还具备光合作用能力,因此它的营养需求也有其独特的地方。光合细菌生长所需的主要营养素有碳源、氮源、微量金属元素及生长因子等。

光合细菌的培养方式有全封闭式厌气光照培养和开放式微气光照培养两类。全封闭式厌气光照培养是比较理想的光合细菌培养方式,杂菌污染程度低,培养达到的菌体密度高,但所需培养容器多,主要用于小规模培养。光合细菌的培养过程包括容器、工具的消毒,培养基的配制,接种,培养管理和采收等步骤。

平板菌落计数法是将待测样品经适当稀释后,在固体培养基上分散为单个细胞,接种到平板上,经过培养,由单个细胞生长繁殖形成肉眼可见的菌落,也就是说一个菌落即代表一个单细胞。计数时,首先将待测样品制成均匀的一系列不同的稀释液,并尽量使样品中的光合细菌细胞分散开来,使其成单个细胞存在(否则一个菌落就不只是代表一个菌种),再取一定稀释度、一定量的稀释液接种到平板中,使其均匀分布于平板中的培养基内。经培养后,由单个细胞生长繁殖形成菌落,统计菌落数目,即可计算出样品中的含菌数。该法操作较为繁琐,但优点是可以计数活菌的数量。

【实验材料、仪器和试剂】

1. 实验材料

3 000 ml 锥形瓶、盐水瓶、培养皿、涂布棒、试管、1 ml 和 5 ml 无菌移液管、红螺菌科光合细菌菌种。

2. 实验仪器

高压灭菌锅、电子天平、光照培养箱、酸度计、超净工作台。

3. 实验试剂

NH_4Cl、$NaHCO_3$、KH_2PO_4、K_2HPO_4、CH_3COONa、$MgSO_4 \cdot 7H_2O$、$NaCl$、$FeCl_3 \cdot 6H_2O$、$CuSO_4 \cdot 5H_2O$、H_3BO_3、$MnCl_2 \cdot 4H_2O$、$ZnSO_4 \cdot 7H_2O$、$Co(NO_3)_2 \cdot 6H_2O$、$NaOH$、$CaCl_2 \cdot 2H_2O$、HCl、酵母膏、琼脂。

【实验步骤】

1. 容器和工具的消毒

将盐水瓶放入高压灭菌锅中消毒,消毒的温度为 121 ℃,时间 15 min。

2. 培养用水的消毒

将 3 000 ml 锥形瓶加入培养用水后加温到 90 ℃ 左右维持 5 min 或达到沸腾即停止加温。

3. 培养液的配制

在 3 000 ml 锥形瓶中按表 2-1 中配方配制培养液(可任选其中一种培养液培养)。

表 2-1　光合细菌培养用配方(引自陈明耀,1995)

配方 1		配方 2		配方 3	
试　剂	用　量	试　剂	用　量	试　剂	用　量
NH_4Cl	1.0 g	乙酸钠或丙酸钠	1.0 g	CH_3COONa	3.0 g
$NaHCO_3$	1.0 g	NH_4Cl	1.0 g	CH_3CH_2COONa	0.3 g
K_2HPO_4	0.2 g	$MnSO_4 \cdot 7H_2O$	0.4 g	$MgSO_4$	0.2 g
CH_3COONa	1~5 g	NaCl	0.1 g	$(NH_4)_2SO_4$	0.3 g
$MgSO_4 \cdot 7H_2O$	0.2 g	$CaCl_2 \cdot 2H_2O$	0.05 g	$MnSO_4 \cdot 7H_2O$	2.5 mg
NaCl	0.5~2.0 g	$NaHCO_3$	0.3 g	$CaCl_2 \cdot 2H_2O$	50 mg
T.m 贮液*	10 ml	KH_2PO_4	1.0 g	KH_2PO_4	0.5 g
酵母膏	0.1 g	T.m 贮液*	1 ml	K_2HPO_4	0.3 g
蒸馏水	1 000 ml	酵母膏	0.1 g	NaCl	1.0 g
调 pH 至 7.0		蒸馏水	1 000 ml	酵母膏	10 mg
				蛋白胨	0.2 mg
				谷氨酸	0.2 mg
				蒸馏水	1 000 ml
				调 pH 至 7.4	

*　T.m 贮液:将 50 mg $FeCl_3 \cdot 6H_2O$,0.05 mg $MnCl_2 \cdot 4H_2O$,0.05 mg $CuSO_4 \cdot 5H_2O$,1 mg $ZnSO_4 \cdot 7H_2O$,1 mg H_3BO_3,1 mg $Co(NO_3)_2 \cdot 6H_2O$ 溶解到 1 000 ml 纯水中配制而成。

4. pH 的调节

按照配方要求的 pH,在 3 000 ml 锥形瓶中,用 NaOH 或 HCl 调节培养液的 pH 值。

5. 接种

将调好 pH 的培养液,倒入盐水瓶中至盐水瓶体积的一半以上,接种光合细菌,接种光合细菌母液占培养液的 20%~50%,瓶口密封后,放入光照培养箱中培养。

6. 光合细菌的培养

将光照培养箱中的光照强度调节为 5 000~10 000 lx,温度 25~30 ℃,每天摇动,定期测定、调节培养液的 pH 在 7.0~8.0 之间。

7. 光合细菌的计数

选用 3 个合适的连续稀释度的菌液,在超净工作台上划线接种于培养皿内,每个稀释度用 2 支试管,迅速倾注 20 ml 平板计数琼脂(已放入 45±1 ℃的水浴中恒温)到各培养皿内,立即将培养皿内的样品液和琼脂培养基充分混合。待琼脂凝固后将培养皿翻转,放进 36±1 ℃的光照培养箱内培养 48±2 h。培养后,计数每个平板上的菌落数。光合细菌的典型特征是菌落呈粉红色、红色、红褐色或深红色,在培养基中菌落呈铁饼状。计数时以每个平皿含 25~250 个菌落为合适范围,适宜稀释度的 2 个培养皿的菌落数据平均值乘以相应稀释倍数即得到每毫升样品中的光合细菌活菌数。

【注意事项】

　　1. 高压灭菌锅的使用(参照实验 1 中的注意事项)。

　　2. 培养液中的试剂应按顺序逐一加入,待一种试剂完全溶解后再加入下一种。

　　3. 接种光合细菌的量在培养液体积的 20%～50% 范围内。

　　4. 计数时应采用适宜的最高稀释倍数的平板统计菌落数。

【实验报告】

　　观察光合细菌菌落生长及颜色变化。记录实验全过程,并记录光合细菌的终浓度。

【思考题】

　　1. 在培养过程中,可以通过观察菌液的颜色及其变化来了解光合细菌生长繁殖的大致情况。正常生长的光合细菌,其颜色的变化规律应该是怎样的?

　　2. 光合细菌的培养过程中,如果菌体出现附壁现象,说明了什么? 应该如何处理?

　　3. 要使平板菌落计数结果准确,需要注意哪些方面?

(魏文志)

实验3　常用单细胞藻类的形态观察

【实验目的】

观察并识别作为饵料生物的代表性单细胞藻类的种类,为后继单细胞藻类的分离和培养做准备。

【实验原理】

微藻种类繁多,形态多样,全球约2万余种。其适应性强,分布广泛,是水域生态系统中的核心组成部分。其中的某些种类也是重要的生物饵料,在鱼、虾、蟹、贝的幼体培育或养殖过程中具有重要的饵料价值。现在国内外大量培养的微藻种类分属于6个门:蓝藻门、绿藻门、硅藻门、金藻门、黄藻门和红藻门。常用的饵料单细胞藻类主要隶属其中的绿藻门、硅藻门、金藻门和蓝藻门。

绿藻门的小球藻呈单细胞,小型,单生或聚集成群,群体内细胞大小很不一致,宽2~12 μm;细胞球形或椭圆形;细胞壁厚或薄,较坚硬;色素体1个,周生,杯状或片状,大多数种类具一个蛋白核。其中小球藻细胞直径稍大,5~10 μm,但蛋白核有时不明显;而蛋白核小球藻的蛋白核显著。小球藻在水产养殖中主要用于培养动物性生物饵料、水色及水质的调控。盐藻又称杜氏盐藻,嗜盐,在高盐度水中培养,生长良好。藻体单细胞,前端凹陷处有两条等长鞭毛,鞭毛比细胞长约1/3;外形一般呈卵圆形或椭圆形,无细胞壁,运动时体形可以产生变化,有梨形、长颈形、纺锤形等;单个杯状色素体,有一中央位的蛋白核;细胞上有1个橘红色的眼点;有1细胞核,位于中央原生质中;细胞长12~21 μm,宽6~13 μm。该藻主要用于贝类及动物性生物饵料的培养。四爿藻也称扁藻,藻体单细胞,两侧对称,一般扁平;细胞前面观呈广卵形,前端较宽阔,中间有一浅的凹陷;4条鞭毛比较粗,由洼处伸出;细胞内有一大型杯状色素体,在基部增厚,蛋白核便位于其中,有一红色眼点比较稳定地位于蛋白核附近;细胞中间略向前色素体外的原生质里有1个细胞核;无伸缩泡;细胞外具有一层比较薄的纤维质细胞壁;细胞一般长11~14 μm,宽7~9 μm,厚3.5~5 μm;依靠鞭毛,在水中游动迅速活泼;青岛大四爿藻和亚心形四爿藻主要用于贝类育苗及轮虫的培养。微绿球藻也称眼点拟微球藻,细胞球形,直径2~4 μm,单独或集合成群;色素体一个,淡绿色,侧生,仅占着周围的一部分;眼点圆形,淡橘红色;在生长旺盛的情况下,色素体颜色很深,不容易观察到眼点;在氮缺乏的条件下,色素体变淡,眼点明显;没有蛋白核;有淀粉粒1~3个,明显,侧生;细胞壁极薄,幼年细胞看不到,在分裂之前才变明显;分裂时,细胞壁扩大,与细胞之间形成空隙;在水产上该藻主要应用于贝类育苗,培养河蟹幼体及动物性生物饵料,调控水色及水质。

硅藻门的三角褐指藻藻体为单细胞或连接成链状,细胞卵形、梭形或三出放射形,在不同的环境条件下这三种形态可以相互转变;如在正常的液体培养条件下,常见的是三出放射形细胞和少量的梭形细胞,这两种形态都没有硅质的细胞壁;三出放射形细胞有三个"臂",臂长为6~8 μm,细胞长约为10~18 μm(两臂间垂直距离);细胞中心部分有1个细胞核,有黄褐色的色素体 1～3 片;梭形细胞长 20 μm 左右,有 2 个钝而略弯曲的臂;卵形细胞长 8 μm,宽 3 μm,有 1 个和桥弯藻科种类相似的硅质壳面,缺少另 1 个壳面,也没有壳环带,与具有双壳面和壳环带的一般硅藻不同;在平板培养基上培养可出现卵形细胞;该藻为典型的低温性种类,主要应用于我国北方甲壳类、贝类及棘皮动物的苗种培养中幼体的饵料。小新月菱形藻为单细胞,细胞中央部分膨大,呈纺锤形,两端渐尖,笔直或朝同一方向弯曲似月牙形;细胞长 12～23 μm,宽 2～3 μm;细胞中央有 1 细胞核;色素体黄褐色,2 片,位于中央细胞核两侧,小新月菱形藻也是低温性种类,主要应用于我国北方甲壳类、贝类及棘皮动物的苗种培养中幼体的饵料。牟氏角毛藻细胞小型,细胞壁薄;大多数单个细胞,也有 2～3 个细胞相连组成群体;壳面椭圆形至圆形,中央略凸起或少数平坦;壳环面呈长方形至四角形;环面观一般细胞大小通常宽 3.45～4.6 μm,长 4.6～9.2 μm,壳环带不明显;角毛细而长,末端尖,自细胞壁四角生出,几乎与纵轴平行,一般长 20.7～34.5 μm;壳面观,两端的角毛以细胞体为中心,略呈“S”形;色素体一个,呈片状,黄褐色;牟氏角毛藻为典型的高温性微藻,主要应用于斑节对虾及泥蚶的育苗生产。中肋骨条藻细胞为透镜形或圆柱形,直径 6～7 μm;壳面圆而鼓起,周缘着生一圈细长的刺,与相邻细胞的对应刺相连接组成长链;刺的多少差别很大,少的 8 条,多的 30 条。细胞间隙长短不一,往往长于细胞本身的长度;色素体数目 1～10 个,但通常为 2 个,位于壳面各向一面弯曲;数目少的色素体大,两个以上的色素体则为小颗粒状;细胞核在细胞的中央;主要应用于斑节对虾及中华绒螯蟹的育苗生产。

　　金藻门的球等鞭金藻 OA-3011 为单细胞生活的个体,细胞裸露,形状多变,但大多数呈椭圆形,新生细胞有一略扁平的背腹面,故侧面观为长椭圆形或长方形;细胞前端生出 2 条等长的尾鞭型鞭毛,鞭毛平滑、无附着物和膨胀体,其长度为细胞的 1～2 倍;鞭毛基部有液泡;细胞内具 2 个大而伸长的侧生色素体,其形状和位置往往随体形而改变;1 个暗红色、卵圆形的眼点位于细胞中央,偶有靠近细胞前端;细胞核 1 个,通常位于细胞中央;贮藏物是油滴和白糖素,小油滴分布在细胞质中,白糖素位于细胞后端,一般为 2～5 个小块,随着细胞年龄的增长,白糖素块增大;一般活动细胞长 4.4～7.1 μm,宽 2.7～4.4 μm,厚 2.4～3 μm。湛江等鞭金藻(*Isochrysis zhanjiangensis*)是 1977 年从广东湛江南三岛分离获得的新种,曾定名为湛江叉鞭金藻(*Diorateria zhanjiangensis*),后来经过系统的研究,确认它是等鞭金藻属一新种;湛江等鞭金藻细胞较球等鞭金藻 OA-3011 稍大,虽同样无细胞壁,但超微结构表明它的细胞表面具几层体鳞片,在 2 条鞭毛中间具一呈退化态的附鞭。绿色巴夫藻无细胞壁。正面观圆形,侧面观椭圆形或倒卵形;细胞大小为 6.0 μm×4.8 μm×4.0 μm;细胞中上部伸出两条不等长的鞭毛和一条附鞭;长鞭毛上有许多小的圆形鳞片覆盖,鞭毛长度是细胞体长的 1.5～2 倍,光学显微镜下明显可见;短鞭毛光滑,不发达,仅 0.3 μm 长,向后弯曲成钩形。附鞭位于两鞭毛之间;色素体 1 个,裂成两大叶围绕着细胞。细胞核在细胞上部。细胞基部有两个梭形的发亮的光合作用产物——副淀粉,培养中能逐渐增大并能排出体外;无蛋白核和眼点;绿色巴夫藻的藻液呈淡黄绿色至绿色;有微弱趋光特性。三种金藻主要用于贝类及棘皮动物的育苗生产。

　　蓝藻门的螺旋藻藻体为单列细胞组成的不分枝的丝状体,无鞘,细胞圆柱形,呈疏松或紧密的有规则的螺旋状弯曲;细胞或藻丝顶部常不尖细,细胞横壁常不明显,不收缢或收缢,顶部细胞圆形,外壁不增厚;无异形胞;有时藻丝细胞内有伪空泡,有时也形成"藻殖段";藻体的形状会因环境因素的不同而有变化。钝顶螺旋藻的螺旋宽和螺距较小,分别为 $26 \sim 36\ \mu m$ 和 $43 \sim 57\ \mu m$,细胞横壁处无颗粒,而极大螺旋藻的螺旋宽和螺距较大,分别在 $40 \sim 60\ \mu m$ 和 $70 \sim 80\ \mu m$,细胞横壁处有颗粒存在。螺旋藻在水产上主要应用于观赏鱼配合饵料、贝类和甲壳类育苗生产。

【实验材料、仪器与试剂】

1. 实验材料

藻种(见表 3-1)、载玻片、盖玻片、胶头滴管、无菌水、擦镜纸、吸水纸。

表 3-1　实验用藻种

门	种　名	拉 丁 文 名 称
绿藻门 Chlorophyta	小球藻	*Chlorella* sp.
	盐藻	*Dunaliella* sp.
	青岛大四爿藻	*Tetraselmis helgolandica* var. *tsingtaoensis*
	亚心形四爿藻	*T. subcodiformis*
	微绿球藻	*Nannochloropsis oculata*
硅藻门 Bacillariophyta	三角褐指藻	*Phaeodactylum tricornutum*
	小新月菱形藻	*Nitzschia closterium* f. *minutissima*
	中肋骨条藻	*Skeletonema costatum*
	牟氏角毛藻	*Chaetoceros müelleri*
金藻门 Chrysophyta	绿色巴夫藻	*Pavlova viridis*
	球等鞭金藻 OA-3011	*Isochrysis galbana* OA-3011
	湛江等鞭金藻	*Isochrysis zhanjiangensis*
蓝藻门 Cyanophyta	钝顶螺旋藻	*Spirulina platensis*
	极大螺旋藻	*S. maxima*

2. 实验仪器

光学显微镜。

3. 实验试剂

鲁哥氏碘液、甲醛溶液。

【实验步骤】

1. 光学显微镜的准备与调节

2. 微藻水浸片的制作

用胶头滴管吸取各种微藻藻液样品,滴到载玻片上(若藻种浓度大可用无菌水稀释),并加盖盖玻片。

3. 微藻形态、结构及运动方式的显微观察

用显微镜(低倍和高倍)观察细胞的形态大小,色素分布,运动方式,然后分别用碘液和甲醛固定样品,观察细胞的鞭毛着生情况(长度、数量),细胞的内部结构等。

【注意事项】

1. 制作微藻水浸片时,应先将载玻片和盖玻片用吸水纸擦拭干净,然后再滴加藻液,并控制滴到载玻片上的藻液液滴不能太大,防止盖上盖玻片后藻液溢出浸染盖玻片的上表面,影响观察效果。若液滴过大,可用吸水纸一角吸去部分藻液,然后再盖上盖玻片。

2. 显微镜调焦时,先仔细将显微镜载物台调节到最高,然后在目镜中观察视野中微藻的同时,转动调焦旋钮,向下移动载物台,直至影像清晰。

【实验报告】

描绘 5 种藻类形态、构造图及特征颜色。运动性的藻类,描述其细胞游动方式。

【思考题】

为什么在观察有运动能力的微藻时,要先用甲醛和鲁哥氏碘液分别固定?

（黄旭雄,魏文志）

实验 4　饵料生物个体及筛网孔径大小的测量

【实验目的】

掌握使用台测微尺和目测微尺在显微镜下测量物体大小的方法;同时对各种生物饵料和筛网孔径大小有直观认识。

【实验原理】

饵料生物的大小是饵料生物基本的形态特征,也是分类鉴定的依据之一。饵料生物个体较小,需要在显微镜下借助于特殊的测量工具——测微尺,来测定其大小。测微尺可分为台测微尺和目测微尺。

台测微尺也称台微尺,是一张中央部分刻有精确等分线的载玻片,专门用于校定目镜测微尺每小格的相对长度。通常,刻度的总长是 1 mm,被等分为 100 格,每格 0.01 mm(即 10 μm)。台测微尺不直接用来测量细胞的大小。

光学显微镜(图 4 - 1)的目镜中可以安装目测微尺。目测微尺也称目微尺(图 4 - 2),为一圆形光学玻璃片。玻片中央刻有一条线段,此线段被等分成 100 格。由于显微镜物镜下的物体经过放大,而目镜中的目测微尺没有被放大,因此,当以目测微尺为参照物,目测微尺的每一格刻度线的测量长度因显微镜物镜的放大倍数的不同而不同。故必须用台测微尺进行校正,以求得在特定的放大倍数下,目测微尺每一格线所代表的真实长度,然后根据饵料生物相当于目镜测微尺格数,计算出饵料生物的实际大小。

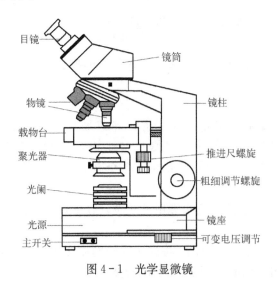

图 4 - 1　光学显微镜　　　　　　　　　图 4 - 2　目测微尺

【实验材料、仪器和试剂】

1. 实验材料

目测微尺、台测微尺、载玻片、盖玻片、胶头滴管、各种规格的筛网小片、扁藻、三角褐指藻、小球藻、卤虫休眠卵、褶皱臂尾轮虫、擦镜纸。

2. 实验仪器

光学显微镜。

3. 实验试剂

鲁哥氏碘液。

【实验步骤】

1. 目测微尺的校正

当要校正目测微尺时，先将显微镜的目镜取下，旋开目镜，将目测微尺装入目镜镜筒，然后旋紧目镜（注意，目测微尺的有刻度面应朝上）。将带有目测微尺的目镜重新装好，此时观察目镜，可见视野中央有一刻度尺。确认目测微尺的刻度线清晰，若刻度线不清楚，则需将目测微尺重新取出，用擦镜纸小心擦拭后重新安装（图4-1）。

将台测微尺置于显微镜的载物台上，先用低倍镜观察，调节调焦旋钮和光栅，直至看清楚台测微尺的刻度线。旋转目镜，使目测微尺与台测微尺平行。移动载物台的推进器，先使两尺重叠，再使两尺在视野的左方某一刻度完全重合。然后从左到右寻找第二个完全重合的刻度。并计数两重合线段之间目测微尺和台测微尺的格数。由于台测微尺的刻度是镜台上的实际长度（10 μm），故可通过下列公式计算出当前放大倍数下目测微尺每格的测量长度（图4-3）。

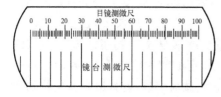

图4-3　用台测微尺校正接目测微尺

$$目测微尺每格长度（微米）=\frac{两重叠刻度之间台测微尺的格数×10}{两重叠刻度之间目测微尺的格数}$$

同样，将物镜转换成高倍物镜，再次校正在高倍镜下目测微尺每格的测量长度。校正完毕，将台测微尺擦拭干净后小心放好。

2. 测量

取一干净的载玻片，用吸管吸一滴微藻样品，小心地加好盖玻片后在显微镜下观察，调好焦距，转动目微尺测出其长、宽各等于目微尺多少格，再由已经计算出的相应的放大倍数下目微尺每格的长度（μm），算出饵料个体的长，宽的实际长度。

将轮虫用鲁哥氏碘液固定后，在低倍镜下测量轮虫兜甲的长宽。其他饵料样品依次同样进行测量。

在测定筛网孔径大小时，先在载玻片上滴加一滴水，将一小片筛网放在水滴上，然后在其上加盖盖玻片，选取筛网中间的筛孔，测量其孔径（内径）的长宽。

【注意事项】

1. 为了尽量减小实验误差，应在同一标本片上测量多个饵料生物，取其平均值作为该饵料生物的大小。

2. 在校正的时候,必须是台测微尺的整数格长度等于目测微尺的整数格长度,但在测量的时候,目测微尺的测量格数应有一位估算值,即格数应保留一位小数。

3. 测量完毕,换上原有显微镜目镜(或取出接目测微尺,目镜放回镜筒),用擦镜纸将测微尺擦拭干净后放回盒内保存,并按照显微镜的使用和维护方法擦拭物镜。

【实验报告】

1. 写明所用的显微镜号码,高、低倍镜的放大倍数及在高、低倍镜下目测微尺每格长度的计算。

2. 量出 4 种生物饵料样品的长和宽,每种测量 3 个或以上的饵料生物。

3. 测量 200 目、120 目、100 目和 80 目四种筛网的孔径大小。

【思考题】

1. 为什么随着显微镜放大倍数的改变,目测微尺每小格代表的实际长度也会改变?

2. 为什么不能用台测微尺直接测量样品的大小?

3. 测定筛网孔径时,加水的目的是什么?

(黄旭雄,魏文志)

实验 5　单细胞藻类浓度的测定

【实验目的】

1. 熟悉单细胞藻类的定量方法；
2. 掌握血细胞计数板的使用；
3. 学会正确定量单细胞藻类的浓度。

【实验原理】

单细胞藻类的定量方法有细胞计数（血细胞计数板）法、光密度（分光光度计）法、重量法和浓缩细胞体积法，不同的定量方法适用于不同的藻类。细胞计数法和光密度法一般适用于浮游且为单细胞形态的非集群性微藻；重量法和浓缩体积法还可适用于集群性或多细胞的微藻。细胞计数法获得的数据一般以每毫升藻液中含多少细胞数量来表示；光密度法的测定结果以吸光度值表示；重量法一般以每升藻液中含多少毫克藻细胞干物质量表示；浓缩细胞体积法以离心后每升藻液的藻泥的体积（ml）表示。其中，采用血细胞计数板进行的细胞计数法是最常用的一种微藻定量方法。

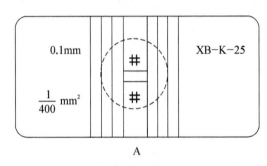

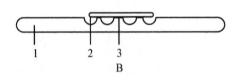

图 5-1　血细胞计数板构造（一）（引自黄秀梨，1999）

A. 正面图；B. 纵切面图
1. 血细胞计数板；2. 盖玻片；3. 计数室

血细胞计数板由一块特殊规格的载玻片制成。板的中央透明区一般由一 H 形沟分成两块。每一块即是一计数池。每个计数池上分别刻有准确面积的大、中、小方格。一般每个计数池被分成九个大方格。每个大方格的面积为 1 mm²。计数池两侧的凸起部分与计数池之间有 0.1 mm 的高程差。因此，当在计数池上方加盖盖玻片时，盖玻片下每个大方格区域内的体积为 0.1 mm³。计数池中央的大格又被双线划分成 16 个中格，其中的每个中格又被单线划分成 25 个小格（也有一类计数板的每一个中央大格先分成 25 个中格，每个中格分成 16 个小格）。

因此，在中央大格内，1 mm² 被均匀分成 16×25（即 400）等份（图 5-1，图 5-2）。计数时，将单细胞藻类样品用细口滴管滴加到计数池后，通过计算中央大格内的细胞数，即可算出每毫升内单细胞藻类的浓度。

【实验材料、仪器和试剂】

1. 实验材料

血细胞计数板、盖玻片、计数器、5 ml 量筒、1 ml 移液管、细口胶头吸管、擦镜纸、吸水纸、消毒海水、小球藻、湛江等鞭金藻。

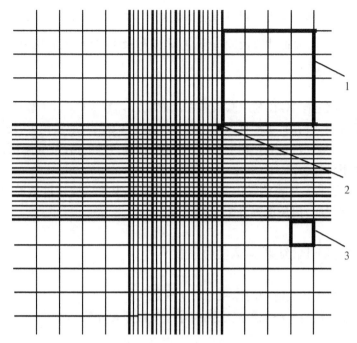

图 5－2　血细胞计数板构造(二)(引自黄秀梨,1999)

1. 大方格;2. 小方格;3. 中方格

2. 实验仪器

光学显微镜。

3. 实验试剂

鲁哥氏碘液。

【实验步骤】

1. 将盖玻片和计数板用擦镜纸擦拭干净,将盖有盖玻片的计数板放在显微镜的载物台上,调焦,用低倍镜仔细观察计数池的结构。

2. 将计数板连同盖玻片一起取下,用细口胶头滴管吸取摇匀的藻液,迅速将吸管尖靠在计数池上盖玻片的边缘,略挤胶头滴管使藻液进入盖玻片下,直至充满整个空间,多余的藻液会流入 H 形的凹沟中。注意,当藻液浓度高时,为了便于计数,可将藻液稀释后再进行计数。在计数有鞭毛或有运动性的藻类时,可先吸取定量的藻液,滴加鲁哥氏碘液进行固定,然后添加消毒海水稀释后再计数。

3. 样品添加到计数池后,静置片刻。在显微镜下仔细调焦,同时调节光栅,必要时调节光源和反光镜角度,直至细胞和纵横格线都清楚。

4. 统计计数池中央大方格内四角及中央中格内的单细胞藻类的数量,并记录。计数时,小心移动载物台,从上到下,由左及右再由右及左依次计数各小格内的细胞数。凡压方格的上线和左线的细胞,统一算此方格内的细胞,而压方格的下线和右线的细胞,统一不算此方格内的细胞。

5. 将计数板及盖玻片用流水冲洗,擦干,重复上述步骤,对同一样品再计数 2～3 次。

6. 将同一样品的计数结果,取平均值。代入下式,求算单胞藻的密度。

$$1\ ml\ 藻液的藻细胞数＝计数每大格藻细胞的平均值×10\ 000×藻液稀释倍数$$

7. 计数完毕,将血细胞计数板冲洗干净,用纱布吸干水分,最后用擦镜纸包装后连同盖玻片一起放入原盒子内。

【注意事项】

1. 藻细胞计数过程中,在利用微吸管将藻液吸入计数板内时,注意控制藻液流入量,不能过多,过多则流入沟内,也不能过少,应充满划线方格及其周边部分,还应注意不能有气泡存在。如不合格,应重做。藻液吸入计数板后,稍停 1 min,待细胞沉降到玻片表面后,再在显微镜下计数。

2. 血细胞计数板是精密测量工具,清洗后不要用吸水纸擦拭计数池,最好用擦镜纸吸干水珠后,自然风干;以免磨损计数池的刻度。

【实验报告】

将原始记录连同计数结果,填入实验报告。

【思考题】

1. 血细胞计数板计数池中的体积是如何确定的?

2. 为什么往计数池中添加藻液后要稍等片刻再开始计数?

（黄旭雄,魏文志）

实验 6　单细胞藻类的分离

【实验目的】

1. 了解单细胞藻类的分离方法,掌握单细胞藻类的改良微吸管法分离技术;
2. 掌握利用平板分离单细胞藻类的技术;
3. 掌握利用 96 孔细胞培养板分离纯化单细胞藻类的技术。

实验 6.1　改良微吸管分离法

【实验原理】

藻类在自然界中与其他生物混杂在一起。在研究工作中,通常需要获得单一的藻种开展相关研究或培养工作。将特定藻种从含其他生物的群落中分离出来的,获得单种或纯种的过程,称之为藻种的分离。

藻种的分离常用方法有:平板分离法、微吸管分离法、稀释分离法、梯度离心法、趋向运动法等。平板分离法、毛细吸管法和稀释法一般可以获得单克隆藻株,是实际分离中用的最多的方法,且在具体操作中可有多种变化。而梯度离心法不能获得单克隆藻株,一般可获得纯的单种,趋向运动法则只适用于有鞭毛的运动型微藻的分离。

传统的微吸管分离法是利用微吸管在显微镜下挑取一个目标藻细胞,并将其转移到无菌培养液中培养形成一个藻株。微吸管分离法操作技术难度大,往往吸取一个藻细胞要反复几次甚至十几次才能成功。该方法适宜于分离个体较大的藻类,较小的藻类用此法分离较为困难。改良的微吸管分离法是微吸管法和稀释分离法相结合的一种微藻分离方法,可明显降低传统微吸管法分离微藻的难度,提高微藻分离的成功率和分离效率。将待分离藻液稀释到一定的浓度,使得理论上微吸管吸取的每一微小水滴中含有一个藻细胞。然后根据微小水滴中藻细胞的实际数量和组成,利用微吸管进行稀释挑取,可快速获得只含有目标藻细胞的微水滴。

【实验材料、仪器和试剂】

1. 实验材料

凹玻片、载玻片、盖玻片、喷灯、砂轮、细玻管、橡皮头、培养皿、待分离藻种、煤气喷灯、酒精灯。

2. 实验仪器

解剖镜、显微镜。

3. 实验试剂

浓 HCl、灭菌培养液。

【实验步骤】

1. 待分离微藻藻液的富集培养

根据待分离的目标微藻的种属及培养生态特性,选择合适的预培养液,对一些难以培养的藻类,最好加入土壤浸出液。预备培养的营养盐浓度一般只用原配方的 1/2、1/3 或 1/4。如果水样中藻类的种类较多,就应使用几种不同的培养液,使各种不同的藻类在适合于它们繁殖的培养液中生长起来。待目标微藻成为藻液中的优势藻细胞时,及时开始分离。

2. 拉制微吸管

用砂轮将孔径 3～4 mm 玻璃管裁成 35～40 mm 的段。浸入浓 HCl(或 HNO₃)溶液中洗去污物。接下来先用自来水,后用蒸馏水洗净烘干。然后点燃喷灯,两臂夹紧,手持玻璃管在火焰上烧灼其中部,一面烧一面转,使其受热均匀。待玻璃管烧红软化后稍向上提,两手均匀用力,向相反方向拉引。将中段拉长约 6～10 cm,孔径约为 0.5 mm。冷却后从中间拉断。尾部在喷灯上烧红后迅速压在玻璃板或石棉网上,使其成扩张状。

使用前将吸管在酒精灯上加热,用镊子夹住细头部将其拉成孔径约 0.1 mm 的微吸管,尾部套上橡皮头或孔胶管备用,如进行纯种(无菌)培养,微吸管需经灭菌。为了防止擦伤藻体,微吸管头部可在酒精灯上烧灼圆滑。

3. 分离

首先镜检待分离藻液,如浓度过大应予以稀释,稀释程度一般以理论上采用微吸管所吸取的每小滴藻液中含 1 个藻细胞为宜。

在一片已灭菌后的清洁载玻片上放 4 片 24 mm×24 mm 灭菌盖玻片,方法如图 6-1。

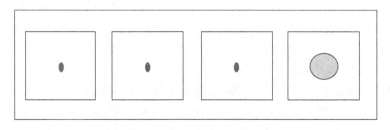

图 6-1　载玻片上滴加培养液

在第一片盖玻片的中央用微细管滴加一滴待分离的藻液,在第四片盖玻片上滴加一大滴灭菌培养液。在显微镜下观察第一片盖玻片上微水滴中的藻细胞的组成情况。如果微水滴中没有目标藻细胞,则将其丢弃,重新在新盖玻片上滴加待分藻液的微水滴。若微水滴中含有 1 个以上的微藻细胞(含目标藻细胞),则另取新的微吸管从第四片盖玻片上吸取培养液滴加到含有 1 个以上的微藻细胞的微水滴上,用一干燥的吸管吹洗(从一边吹水滴,使藻体在水中旋转,分布均匀)。然后换一干净的微吸管从第一滴水中吸一小滴,转移到第二个盖玻片的中央,同时用微吸管补充灭菌培养液。然后在显微镜下分别观察两个微水滴中藻细胞的组成情况,并对含有 1 个以上的微藻细胞(含目标藻细胞)的微水滴重复稀释,清洗,转移。依次而下,直至微水滴中含一个目标微藻细胞。然后快速翻转盖玻片,使含有目标微藻细胞的微水滴成悬滴状态,小心将悬滴盖玻片扣在凹玻片的凹槽上进行悬滴培养。每天数次观察藻体分裂情况。如繁殖良好,可以扩大培养成纯(单)种。

扩大后的培养液镜检为单种时,分离成功。

【注意事项】

1. 培养液配方根据待分离目标藻种的不同进行选择,一般用 F/2 配方(配方及具体配制见实验 7)。

2. 此微吸管所形成的小滴以显微镜低倍镜一个视野能全看到为宜。但又不能太小，以免很快干掉。

3. 微水滴一定要滴加在盖玻片的中央，以利后续悬滴操作。

【实验报告】

记录实验的全过程。

【思考题】

1. 在分离微藻细胞的过程中需要注意哪些问题？

2. 改良微吸管法分离微藻的成功关键点有哪些？

实验 6.2 平板分离纯化法

【实验原理】

用平板分离纯化藻种，主要采用划线和喷雾两种方法。

划线法的水样不用稀释，取一金属接种环在酒精灯火焰灭菌后，在液体培养基中冷却，蘸取水样轻轻地在培养基上做第一次平行划线 3～4 条，转动培养皿约 70°，用在火焰烧过并冷却的接种环，通过第一次划线部位作第二次平行划线，用相同方法再作第三次和第四次划线。主要划线部位不可重叠。由于蘸到接种环上细胞较多，在第一次划线部分，藻细胞群落密集分离不开，但在第三、第四次划线部分，可能分离出孤立的藻类群落。

喷雾法是在无菌条件下用经消毒的培养液把水样稀释到适宜浓度，装入消毒好的医用喉头喷雾器中，打开培养皿盖，把水样喷射到培养基平面上，使水样在培养基平面上形成分布均匀的一薄层水珠，然后盖上盖，放在合适的条件下培养。水样稀释到合适的程度是指水样喷射在培养基平面上必须相隔 1 cm 以上才有一个生物(或一个藻细胞)，以便将来生长繁殖成一群体后容易分离取出。若稀释不够，将来生成的藻细胞群落距离太近，不容易分离。

用划线法和喷雾法接种后，盖上培养皿的盖子，放在适宜的光照条件下培养。一般经过 20 天左右，就可以在培养基平面上生长出相互隔离的藻类群落。通过显微镜检查，寻找需要分离的藻类群落，然后用消毒过的纤细解剖针或玻璃针把藻细胞群落连同一小块培养基取出，移入装有培养液的试管或小三角烧瓶中，加棉花塞，在光照、温度等适宜的条件下培养。培养过程中每天轻轻摇动 1～2 次，摇动时避免培养液沾湿棉花塞。经过一段时间培养，藻类生长繁殖数量增多，再经一次显微镜检查，如无其他生物混杂，便达到分离的目的。如还有其他生物混杂，则再分离，直到获得单种培养为止。

【实验材料、仪器和试剂】

1. 实验材料

中试管、大试管、培养皿、移液管、烧杯、分装漏斗、血细胞计数板、计数器、接种针、喷雾器、待分离单胞藻等。

2. 实验仪器

高压灭菌锅、显微镜、光照培养箱、无菌工作台。

3. 实验试剂

分离单细胞藻类配方中营养盐成分、琼脂粉。

【实验步骤】

1. 消毒

将培养皿、移液管等玻璃工具在烘箱中消毒。

2. 培养基的配制

1）在烧杯中加入100 ml蒸馏水，水位标号。称取1.2 g琼脂粉，加入蒸馏水中，在电炉上加热，不断搅拌至琼脂完全溶化。损失的水分用蒸馏水补齐。

2）按配方比例逐个加入营养成分、搅匀。

3）高压灭菌：0.1 MPa、121 ℃、20 min。稍冷却后在超净工作台内分装入试管，完成后置斜面，在培养皿中倒平板。

3. 分离

分离前，先用血细胞计数板计数水样中单胞藻浓度，一般以每毫升1 000～5 000个为宜，太浓时应先稀释。稀释时先用灭过菌的移液管吸取1 ml水样加入9 ml无菌培养液，换一移液管进行第二次、第三次稀释，将稀释好的水样标号。

划线法：在无菌工作台上划线接种，在光照培养箱中根据分离单细胞藻类的生长要求设定温度、光照强度等条件进行培养。待藻团长出后，镜检是否为单种，如不是单种，进一步进行平板划线分离，至单种后，用接种环挑取藻体在斜面上划线。

【注意事项】

1. 培养条件非常重要，要求一定的温度（25 ℃左右。根据藻种不同而异）和光照。否则藻类不能生长而细菌则大量繁殖，导致分离失败。

2. 注意高压灭菌锅的使用（参见实验1中的注意事项）。

【实验报告】

1. 10～15天后，观察藻类生长情况并记录。

2. 记录实验的全过程。

【思考题】

1. 在分离微细胞的过程中需要注意哪些问题？

2. 怎样才能熟练掌握分离技术？

实验6.3　96孔细胞培养板法

【实验原理】

96孔细胞培养板（图6-2）由高质量的原生聚苯乙烯压制而成，培养表面经TC处理，具有透明、无毒等特点，是微量细胞培养的重要实验器材。每块细胞培养板由含96孔的底板和不可转置且带有凝结环的板盖组成。96孔细胞培养板的每个孔均有编码，易于识别，横向标记为1～12，纵向标记为A～H。每个孔的容积为250 μl，孔底部的结构可分圆底和平底两种。将待纯化的藻液在96孔细胞培养板上按比例逐级稀释，稀释后，理论上可以获得某个细胞培养孔中有且只有待纯化的目标藻细胞。将细胞培养板在一定的培养条件下培养一段时间后，即可获得由目标藻细胞分裂形成的藻株。96孔细胞培养板法适合于分离纯化具有运动能力的微藻藻株。

【实验材料、仪器与试剂】

1. 实验材料

待纯化的巴夫藻藻液、200 μl 的微量移液器、200 μl 的移液器吸嘴、血细胞计数板、试管、载玻片、盖玻片、吸水纸、96 孔细胞培养板等。

2. 实验仪器

光照培养箱、超净工作台、光学显微镜、高压灭菌锅。

3. 实验试剂

海水、F/2 培养液母液（配制方法参见实验 7）、甲醛溶液。

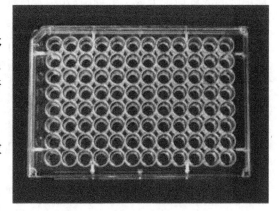

图 6-2　96 孔细胞培养板

【实验步骤】

1. 培养液及工具的消毒灭菌

参照实验 7 中所示的 F/2 培养液配方及具体配制方法，配制 F/2 培养液，并将培养液及 200 μl 的移液器吸嘴在高压灭菌锅中进行灭菌。开启超净工作台，预先进行消毒处理。

2. 待纯化藻液的藻细胞浓度的测定

用移液器吸取 1 000 μl 待纯化的绿色巴夫藻藻液入试管，同时吸取 500 μl 甲醛溶液固定藻细胞。混合均匀后取样于血细胞计数板上测定待纯化绿色巴夫藻的细胞密度。

3. 96 孔细胞培养板上的倍比稀释

根据步骤 2 计得的绿色巴夫藻藻液细胞的浓度，确定每孔的合适稀释比例和稀释级数。在超净工作台内，取无菌密封的 96 孔细胞培养板，先在 96 孔细胞培养板的每一个培养孔中添加 200 μl 的灭菌 F/2 培养液，然后从待纯化的绿色巴夫藻藻液中吸取 10～20 μl 藻液，分别添加到细胞培养板的 A1～H1 的 8 个培养孔中，并用移液器混合均匀。更换移液器吸嘴，从 A1～H1 的 8 个培养孔中移取相同量的培养液，分别转移到 A2～H2 的 8 个培养孔中，并混合均匀。依次类推，直至从 A11～H11 的 8 个培养孔中移取 10～20 μl 培养液，分别转移到 A12～H12 的 8 个培养孔中。加盖细胞培养板的板盖。

4. 细胞培养

将逐级稀释好的细胞培养板转移到光照培养箱内培养，调节温度和光照强度，使其适合绿色巴夫藻的生长［温度 25 ℃，光照强度 80 μmol/(m² • s)］。培养期间每天用手指轻轻弹敲细胞培养板数次，并观察培养孔中藻液的颜色变化。

5. 细胞纯度的检验

经过 15～20 天的培养，细胞培养板上形成了深浅不一的藻液颜色。用微量移液器依次从最高稀释倍数（A12～H12）的培养孔中分别吸取 30 μl 藻液，制成水浸片，在光学显微镜下检查藻细胞的运动能力和纯度。将纯化且细胞活力好的培养孔中的细胞转移到含 1 ml 培养液的试管中，进一步培养，直至形成含 100 ml 左右的绿色巴夫藻的细胞株。

【注意事项】

1. 在藻液倍比稀释时，需先测定细胞浓度，然后再决定倍比稀释的比例和级数。一般稀释的级数可选 8(纵向)或 12(横向),稀释的比例要求最后 1~2 个级数的培养孔中目标细胞的浓度理论上为 1 个细胞/孔。若待纯化藻液浓度过高,则可预先稀释。

2. 在稀释过程中,可每增加一个稀释级数的同时,更换一次移液器吸嘴;而在检查培养后每孔培养物的纯度的时候,每个孔的取样均需要更换吸嘴。

3. 稀释后的细胞培养板放在光照培养箱中的培养条件,应设定为待纯化目标藻的最适培养条件。

【实验报告】

记录待纯化藻液的细胞密度、倍比稀释的比例和级数;观察并记录细胞培养板培养过程中各孔内藻液颜色的变化,并记录最后的纯化结果。

【思考题】

用 96 孔细胞培养板纯化微藻细胞株有何优缺点?

(黄旭雄,魏文志)

实验 7　单细胞藻类的小型培养

【实验目的】

掌握培养基成分计算,配制培养基,消毒、接种、测定等有关培养的基本操作与管理,巩固课堂讲授知识,从而做到有计划地为使用培养提供足够数量的符合质量的藻种。

【实验原理】

单细胞藻类的培养方式有多种。从培养的纯度看,有纯培养、单种培养和混合培养之分;按培养体系的密闭性,则可分开放式培养和封闭式培养;按采收的方式,则有一次性培养、半连续培养和连续培养之分;按培养的目的和规模,则可分藻种培养(一级培养)、中继培养(二级培养)和生产性培养(三级培养)。以保存藻种为目的的小型培养,多采用封闭式不充气一次性培养方式培养。

单细胞藻类生长和其他生物一样,与生活环境有密切关系。水环境中的光照、温度、盐度、营养盐、溶解气体、酸碱度及其他生物因子对单细胞藻类的生长和繁殖都有影响。培养时应根据所培养微藻的生态适应能力选择合适的培养条件。

单细胞藻类的培养过程可分为容器和工具的消毒,培养液的配制,接种,培养管理及采收 5 个步骤。

【实验材料、仪器和试剂】

1. 实验材料

电炉(或煤气炉)、漏斗、高压灭菌锅、量筒(1 000 ml)、牛皮纸、橡皮圈、过滤海水、1 000 μl 移液枪及枪头、血细胞计数板、计数器、盖玻片、载玻片、细口乳胶滴管、擦镜纸、1 000 ml 三角烧瓶、烧瓶刷子、洗洁精、微绿球藻藻种。

2. 实验仪器

光学显微镜、电子天平。

3. 实验试剂

F/2 培养液配方中的各种试剂(参见表 7-1)。

【实验步骤】

1. 容器与工具的清洗与消毒

将各种玻璃器皿用洗洁精刷洗干净,然后用牛皮纸包裹后放入高压灭菌锅灭菌或于100 ℃烘箱干热消毒 2 h,冷却后待用。对 1 000 ml 三角烧瓶进行消毒时,可在瓶中加入100 ml 的自来水,擦干瓶外水滴,瓶上安装漏斗,将其加热煮沸,利用瓶中水产生的蒸汽消毒 5 min,然后将水倒掉。

2. 培养液的配制

培养液的配制包括培养用水的消毒、培养液配方的选择、培养液营养盐母液的配制、营养盐的添加等步骤。

(1)培养用水的消毒　　进行实验室小型培养时,培养用水一般采用过滤后高压灭菌的方式进行消毒;也可采用加热消毒的方法,将过滤用水装入烧瓶,瓶口用牛皮纸及橡皮圈密封,然后置于电炉上加热,当烧瓶底部开始冒泡时将其从电炉上取下,自然冷却到室温。本实验培养用水为 800 ml。

(2)培养液配方的选择　　　根据培养藻类对各种营养盐的需求选择适宜配方。一般采用 F/2 配方(表 7-1)。

表 7-1　F/2 配方组成

F/2 培养液配方		F/2 微量元素贮液配方		F/2 维生素贮液配方	
试　剂	用　量	试　剂	用　量	试　剂	用　量
$NaNO_3$	74.8 mg	$ZnSO_4 \cdot 4H_2O$	23 mg	维生素 B_{12}	0.5 mg
$NaH_2PO_4 \cdot H_2O$	4.4 mg	$MnCl_2 \cdot 4H_2O$	17.8 mg	维生素 H	0.5 mg
Na_2SiO_3	12 mg	$CuSO_4 \cdot 5H_2O$	10 mg	维生素 B_1	100 mg
F/2 微量元素贮液	1 ml	$FeC_6H_5O_7 \cdot 5H_2O$	3.9 g	H_2O	1 000 ml
F/2 维生素贮液	1 ml	$Na_2MoO_4 \cdot 2H_2O$	7.3 mg		
海水	1 000 ml	$CoCl_2 \cdot 6H_2O$	12 mg		
		Na_2EDTA	4.35 g		
		H_2O	1 000 ml		

(3)培养液营养盐母液的配制　　　由于实验室小型培养所需各种营养素的用量很小,为了便于准确称量,一般均将配方中的氮、磷、硅营养素先配成高浓度(1 000 倍)的营养盐母液(如将 74.8 g $NaNO_3$ 溶解于 1 000 ml 的水中),然后高压灭菌冷却后于 4 ℃冰箱保存待用。使用时各吸取 1 ml 营养盐母液,加入到 1 000 ml 海水中,所添加的营养盐即为配方要求的用量。

(4)营养盐的添加　　　在冷却到室温的消毒海水中逐一加入各营养盐母液,并在下一种营养盐加入之前进行充分搅拌。营养盐加入的顺序:先氮,后磷,再硅……,直至所有营养盐都按需加入到消毒水中。本实验中,用移液枪各吸取母液及贮液 0.8 ml。

3. 接种及起始细胞浓度测定

在配好的 F/2 培养液中,接入 200 ml 微绿球藻藻液,摇匀后,参照实验 5,用血细胞计数板测定接种后培养的起始浓度。

4. 培养管理

将 1 000 ml 锥形瓶放入光照培养箱中,选择温度 25 ℃、光照 5 000 lx、间歇光周期13:11培养,定期摇动并观察藻液颜色变化情况。

5. 采收

一周后培养实验,并用血细胞计数板计数培养密度。

【注意事项】

1. 培养基的配制过程中应注意所采用的营养盐试剂所含结晶水的情况,在配制培养液过程中做相应的修正,特别是微量元素的用量要尽可能准确。

2. 微绿球藻藻细胞计数过程中,在利用细口乳胶滴管将藻液吸入计数板内时,要注意控制藻液流入量,不能过多,过多则流入沟内,也不能过少,应充满划线方格及其周边部分,还应注意不能有气泡存在。如不合格,应重做。藻液吸入计数板后,稍停 1 min,待细胞沉降到玻片表面后,再到显微镜下计数。

【实验报告】

1. 记录微绿球藻培养的全过程。

2. 计数并测定微绿球藻培养起始及采收密度,并计算微绿球藻的生长速率。

【思考题】

1. 试计算配方中 N、P 元素的分子摩尔数之比,并与浮游植物对 N、P 的需求比进行比较。

2. 本实验中,采用海水和营养盐分开消毒然后混合配制培养液,也可采用海水和营养盐混合后一起消毒的方法进行,分析两种方法的优缺点。

(魏文志,黄旭雄)

实验 8 单细胞藻类的保种

【实验目的】

了解国内外目前藻种保种的各种方法,掌握固体保藏法和双相保藏法。

【实验原理】

从自然环境中分离纯化一个藻种需要花费大量的时间和精力,分离得到的藻种需长期保藏,以备今后培养或研究使用。单细胞藻种的保藏是开展微藻培养及研究的基础性工作。藻种保藏的方法有:液体保藏、固体保藏、固液双相保藏和冷冻保藏。实验室藻种的长期保藏,可采用超低温(液氮)冰冻保存。超低温冰冻保藏的条件和设备要求高,需要有程序降温仪等设备,且需要一定的保护剂。该方法虽然可长期保种,但一般单位不常用。通常是把藻种接种在固液双相培养基或固体培养基上,接种一次可保藏半年到一年。固体保藏,其优点是不易污染,培养周期相对较长,但固体培养基水分易蒸发、干裂。双相保藏就是在固体培养基上再加上液体培养液,这既可以通过营养成分的缓释作用,又可以防止培养基水分蒸发、干裂。若是短期保藏,通常采用液体保藏方法,操作简单,但周期短、易污染、保藏条件难以控制,容易造成藻种保种失败。藻种采用液体保藏、固体保藏和固液双相保藏,一般要求在接种后,待细胞进入生长期,转移到低温、弱光条件下培养即可。

【实验材料、仪器与试剂】

1. 实验材料

待保藏的藻种(小球藻 *Chlorella* sp.)、250 ml 三角烧瓶、酒精灯、接种环、带试管帽的试管、5 ml 移液管、牛皮纸、橡皮筋、250 ml 烧杯、1 000 ml 三角烧瓶、橡皮塞等。

2. 实验仪器

超净工作台、高压蒸汽灭菌锅、分析天平、微波炉。

3. 实验试剂

海水、F/2 培养液母液、琼脂粉。

【实验步骤】

1. 固体保藏法

(1) 藻种的准备 在固体培养基接种前一周,将待保种的小球藻在适宜的培养条件下进行扩培,以便保种时小球藻种群处于指数生长期。

(2) 容器和工具的清洗 将 250 ml 的烧杯及若干支带透气试管帽的长试管清洗干净,并烘干待用。

(3) 固体培养基的制备 参照 F/2 配方,将各营养盐浓度加倍,在 250 ml 的烧杯中配制 100 ml 培养液,然后在培养液中添加 2%~3% 的琼脂粉。将烧杯放入微波炉中,间歇小火加热,加热间歇进行搅拌,直至琼脂粉完全溶解,趁热将含琼脂的培养基用移液管分装到长试管中,每支试管 5 ml 培养基,加盖试管帽后用牛皮纸包扎试管。

（4）灭菌   将包扎好的试管放入高压灭菌锅中，在压力 0.1 MPa，温度 120 ℃条件下，灭菌 30 min。

（5）制作培养基斜面   待灭菌完成且试管中的培养基尚未完全冷却凝固之前，取出试管，转移到预先消毒的超净工作台内，借助玻璃棒，倾斜试管，使试管与水平面呈约 30°角，放置稳妥后等待培养基凝固成斜面。

（6）接种   在超净工作台内的酒精灯旁，用经灼烧并冷却的接种环蘸取待保种的小球藻液，伸入试管在培养基表面划"之"字线。

（7）培养   接种完毕的试管，加盖透气的试管帽，并将试管转移到适合小球藻生长的培养条件下[温度 20～25 ℃、光照强度 60～100 $\mu mol/(m^2 \cdot s)$]培养 10～15 天，即可发现培养基上有绿色藻落形成。

（8）低温弱光保种   将藻落生长良好的试管用灭菌的橡皮塞密封，转移至 15 ℃的低温弱光照[10～20 $\mu mol/(m^2 \cdot s)$]的培养箱中，长期保存。

2. 固液双相保藏法

（1）藻种的准备   在固体培养基接种前一周，将待保种的小球藻在适宜的培养条件下进行扩培，以便保种时小球藻种群处于指数生长期。

（2）容器和工具的清洗   将 500 ml 的烧杯及若干 250 ml 的三角烧瓶清洗干净，并烘干待用。

（3）固体培养基的制备   参照固体保藏法，制作营养盐浓度加倍的含 2‰～3‰琼脂的 F/2 配方培养基 250 ml。趁热将含琼脂的培养基分装到 250 ml 的三角烧瓶中。每个烧瓶约 50 ml 培养基，用牛皮纸包扎瓶口。

（4）液体培养基的制备   参照小型培养实验，配制 F/2 配方培养液 500 ml，装入 1 000 ml 的三角烧瓶中，用牛皮纸包扎瓶口。

（5）灭菌   将包扎好的装有培养液的三角烧瓶入高压灭菌锅中，在压力 0.1 MPa，温度 120 ℃条件下，灭菌 30 min，等冷却后转移到预先消毒的超净工作台内。

（6）接种   在每一个凝固有固体培养基的三角烧瓶内转移约 100 ml 的液体培养基，同时接入约 50 ml 小球藻藻液后，用牛皮纸包扎瓶口。

（7）培养   接种完毕的三角烧瓶转移到适合小球藻生长的培养条件下[温度 20～25 ℃、光照强度 60～100 $\mu mol/(m^2 \cdot s)$]培养 5～7 天。

（8）低温弱光保种   将培养 5～7 天的小球藻转移至 15 ℃的低温弱光照[10～20 $\mu mol/(m^2 \cdot s)$]的培养箱中，长期保存。

【注意事项】

1. 在用微波炉溶解琼脂粉时，要间歇加热，每次加热时间一般控制在 20～30 s，防止培养液因沸腾而溢出。

2. 在固体培养基保种中，在制作试管斜面时，倾斜的具体角度视试管的长度和培养基的量而定，一般要求倾斜后形成的培养基斜面的上端离试管口有 2～3 cm，且试管的底部完全被培养基覆盖。

3. 在试管内培养基上划线时，接种环一定要预先灼烧并冷却后再蘸取藻液。划线时要接触培养基斜面，又不宜划破斜面。

4. 固液双相培养基保种时,至少需要每周摇瓶一次。固体培养基保种时,需每两周检查一次。

【实验报告】

描述固体培养基和固液双相培养基保种的操作流程,并记录自己完成的小球藻种的保藏期限和生长情况。

【思考题】

各种微藻保种方法各有什么优缺点?

（黄旭雄,魏文志）

实验 9　微藻细胞叶绿素的测定

【实验目的】

熟悉分光光度法测定微藻叶绿素含量和组成。

【实验原理】

叶绿素是微藻将吸收的光能转化成化学能的重要媒介,微藻因其种类的不同,其细胞内的叶绿素可有 a、b、c、d 和 e 五种类型。其中叶绿素 a 在所有微藻种类中均有,叶绿素 b 仅存在于绿藻类、裸藻类和轮藻类中,叶绿素 c 存在于甲藻、隐藻、黄藻、金藻、硅藻和褐藻中,而红藻中则含有叶绿素 d。微藻叶绿素含量的多寡及组成情况,不但可以反映微藻的生长状况,同时也是反映微藻营养状态的重要指标。通过测定微藻的叶绿素含量及组成,可以评价实验室单种培养条件下特定微藻的生长状态和营养状况。同样,这一方法也适用于估量浮游植物的光合作用能力及水域初级生产力。

用硝酸纤维素酯超滤膜将藻细胞从藻液中滤出,再用 90% 丙酮提取细胞中的叶绿素 a、b,c 等色素。这三种叶绿素在 90% 丙酮溶液中的最大吸收光谱分别为 664 nm、647 nm、630 nm。按照 Jeffrey-Humphrey 方程式计算,可分别得出叶绿素 a、b、c 的含量。

【实验材料、仪器与试剂】

1. 实验材料

待测定藻液、玻璃抽滤瓶一套、硝酸纤维素酯超滤膜(孔径 $0.45~\mu m$,直径 50 mm)、真空泵耐用橡皮管、移液管 10 ml,50 ml 各一支、具塞刻度离心管（10~15 ml)若干、100 ml 量筒、镊子、干燥器、血细胞计数板。

2. 实验仪器

真空泵、离心机、分光光度计。

3. 实验试剂

1.0% $MgCO_3$ 悬混液、90% 丙酮。

【实验步骤】

1. 藻细胞的计数及样品的抽滤

先采用血细胞计数板法测定待分析藻液的细胞密度(具体参照实验 5)。

然后取滤膜放于抽滤漏斗的滤器中,将抽滤漏斗安装到抽滤瓶上。加 2 ml 摇匀的 1.0% $MgCO_3$ 悬混液,使 $MgCO_3$ 均匀覆盖于滤膜上,然后用 50 ml 移液管移取 50.0 ml 藻液至滤膜上。抽滤瓶接真空泵,开启真空泵进行抽滤。待滤膜上水滤完后,应继续抽气数分钟,以尽量吸掉滤膜上的水分。若滤得的样品不能及时提取,则应将该滤膜抽干,对折,外面用滤纸包裹后,放入干燥器中,贮藏在 1℃ 以下的冰箱中。

2. 样品提取

用镊子将带有样品的滤膜放入具塞离心管中,加入 90% 丙酮溶液 10.0 ml,盖紧塞子。振荡后将其在冰箱贮藏室内放置 24 h,以提取叶绿素(中间可拿出振荡)。对于细胞壁厚的藻类,如小球藻,可将离心管用超声波处理 10～20 min 以促进色素的提取。

3. 样品的离心

24 h 后,待藻细胞中的色素提取完全后,将离心管在 4 000 r/min 的转速下离心 10 min,取上清。如沉降中仍有色素,则加 90% 丙酮少许再提取一次。

4. 样品的测定

合并提取液,读取体积(至 0.1 ml)。如提取液有混浊,则滴加数滴丙酮澄清。如有必要,可用 90% 丙酮稀释至适当体积。将离心后的提取液上清小心注入比色皿,用 90% 丙酮溶液作参比,分别在 750 nm、664 nm、647 nm 和 630 nm 处测定溶液的吸光度值。其中,750 nm 处的测定值用以校正提取液的浑浊度。

5. 记录与计算

分别将 664 nm,647 nm 和 630 nm 处测定溶液的吸光度值减去 750 nm 下的吸光度值,得到校正后的 E_{664}、E_{647} 和 E_{630},按照 Jeffrey-Humphrey 的方程式计算叶绿素 a、b、c 的含量。

$$\rho_{chla} = (11.85E_{664} - 1.54E_{647} - 0.08E_{630}) \times V_0/V \times L \times 1000$$

$$\rho_{chlb} = (21.03E_{647} - 5.43E_{664} - 2.66E_{630}) \times V_0/V \times L \times 1000$$

$$\rho_{chlc} = (24.52E_{630} - 1.67E_{664} - 7.60E_{647}) \times V_0/V \times L \times 1000$$

【注:方程式中 ρ_{chla} 为样品中叶绿素 a 含量(pg/ml);ρ_{chlb} 为样品中叶绿素 b 含量(pg/ml);ρ_{chlc} 为样品中叶绿素 c 含量(pg/ml);V_0 为样品提取液的体积(ml);V 为藻液样品的实际用量(本实验中为 50.0 ml);L 为测定时比色皿的光程(cm)】

【注意事项】

1. 为了避免叶绿素的光分解,操作应在弱光下进行。

2. 研磨时间尽可能短,以不可超过 2 min 为宜。

3. 比色时提取液不能混浊。

【实验报告】

填写如下测定记录表。

波长(nm)	A(664)	A(647)	A(630)	A_0(750)
吸光度值(A)				
校正吸光度值(D)(A−A_0)/d				
比色皿光程(cm)				
样品提取液总体积(ml)				
藻液样品的实际用量(ml)				
色素含量(pg/ml)				
单个细胞色素含量(ng/cell)				

【思考题】

1. 为什么抽滤时需加 $MgCO_3$?

2. 测定 750 nm 吸光度的目的是什么?

(黄旭雄,魏文志)

实验 10　微藻脂肪含量的测定

【实验目的】

熟悉微藻中总脂肪含量的测定方法。

【实验原理】

微藻是一种单细胞自养植物,微藻细胞中含有蛋白质、脂类、藻多糖、色素等多种物质。其中,脂类是微藻细胞中具有较高应用价值的营养成分和化工原料。因此,有效地提取和测定藻细胞中脂类的含量,是微藻后续利用与开发的基础之一。

动植物体内脂肪含量的测定方法繁多,但均存在一定缺陷。如:传统的索氏抽提法只能提取游离态的脂肪,而脂蛋白、磷脂等结合态的脂类则不能被完全提取出来;酸水解法则会使磷脂水解而损失。在有一定水分存在的条件下,极性的甲醇(methanol)与非极性的氯仿(chloroform)混合液(简称 CM 混合液)能够有效地提取结合态脂类。本方法通过将待测微藻样品分散于氯仿-甲醇(2:1,v:v)混合液中,经超声波破碎微藻细胞壁,释放细胞内容物后形成提取脂类的溶剂,在使样品中结合态脂类游离出来的同时,能够提高溶剂与磷脂等极性脂类的亲和性,从而有效地提取出全部脂类。充分浸提一定时间后,过滤除去非脂成分后蒸发提取液,利用差量法可称得脂肪重量。

【实验材料、仪器与试剂】

1. 实验材料

将培养的藻液采用低温离心法收集藻细胞,并用蒸馏水反复洗涤 2～3 次。藻泥经 $-46\,^{\circ}\mathrm{C}$ 冷冻干燥后,充分研磨成待测藻粉。

2. 实验仪器

冷冻离心机、冷冻干燥机、研钵、分析天平(0.1 mg)、超声波水浴锅、$4\,^{\circ}\mathrm{C}$ 冰箱、真空干燥箱、循环水真空泵、恒温鼓风干燥箱、干燥器、5 ml 移液枪、5 ml 枪头、100 ml 量筒、500 ml 试剂瓶、50 ml 三角烧瓶、10 ml 移液管、普通漏斗、脱脂滤纸。

3. 实验试剂

氯仿-甲醇(v:v=2:1)混合溶液(使用前配制,于试剂瓶中低温保存)、50%甲醇溶液(使用前配制,低温保存)、0.88% KCl 溶液、甲醇(AR)。

【实验步骤】

1. 称样

精确称取经冷冻干燥处理过的微藻样品 0.1～0.2 g(W_0),装入 50 ml 三角烧瓶中。

2. 加入提取液

加 30 ml 氯仿-甲醇(v:v,2:1)混合液于上述三角烧瓶内,将其放入超声水浴锅中水浴 30 min。

3. 浸提

将水浴后的三角烧瓶置于 $4\,^{\circ}\mathrm{C}$ 冰箱中,浸提 24 h,充分提取脂肪。

4. 过滤

先用 1 ml 氯仿-甲醇混合液漂洗滤纸,然后进行过滤,将全部滤液转移至已称重 W_1 的 50 ml 三角烧瓶中(50 ml 三角烧瓶标注后于 105 ℃烘干至恒重 W_1)。

5. 去糖

因甲醇也能抽提细胞内的糖,所以要进行去糖步骤。

1)沿壁加入 10 ml 0.88% KCl 溶液,充分混合后静置,待分层。

2)用移液枪吸去上层液体,注意不可吸走下层液体(下层氯仿层中含有脂肪)。

3)沿壁加入 10 ml 50%甲醇,注意不要与下层液体混合。

4)用移液枪吸去上层液体。

6. 去除溶剂

将含有脂肪的三角烧瓶置于真空干燥箱中,真空干燥至恒重 W_2(两次称重间隔 3～4 h,相差 0.000 5 g 以下,即视为恒重)。

7. 计算公式

$$脂肪含量(\%)=[(W_2-W_1)/W_0]\times100\%$$

【注意事项】

1. 此实验开始前,需将实验所需的试剂瓶、三角烧瓶等器皿清洗后用蒸馏水漂洗干净,在鼓风干燥箱中烘干;操作过程中需佩戴口罩和手套,以防污染。

2. 超声波水浴时,注意不能使样品瓶漂浮;超声波水浴的温度控制在 4 ℃左右,若超过该温度,则须加冰块降温。

3. 过滤时,可用 1～2 ml 氯仿-甲醇混合液清洗三角烧瓶,将清洗液一并过滤;过滤结束后,用 1～2 ml 氯仿-甲醇混合液清洗滤渣,确保脂肪完全转移至已称重的三角烧瓶中。

4. 三角烧瓶称重时,须待其在干燥器中冷却后称重,不可带温称重。

【实验报告】

计算微藻样品的脂肪含量。

【思考题】

1. 过滤浸提液后加入 0.88% KCl 有何作用?

2. 为何要进行超声波水浴?

3. 氯仿-甲醇法测定微藻脂肪含量有何优点? 请结合传统方法谈谈你的认识。

(黄旭雄)

实验 11 微藻脂肪酸组成的测定

【实验目的】

熟悉微藻中脂肪酸组成的测定方法。

【实验原理】

大多数微藻富含各种脂肪酸。根据脂肪酸的不饱和程度(分子中烯键的数量)和碳原子数量,脂肪酸可分为饱和脂肪酸(saturated fatty acid,SFA)、单不饱和脂肪酸(mono-unsaturated fatty acid,MUFA)、多不饱和脂肪酸(poly-unsaturated fatty acid,PUFA)和高不饱和脂肪酸(Highly unsaturated fatty acid,HUFA)。其中,饱和脂肪酸指分子中不含烯键的脂肪酸;单不饱和脂肪酸指分子中含有一个烯键的脂肪酸;多不饱和脂肪酸指分子中含有两个及两个以上烯键的脂肪酸;高不饱和脂肪酸特指分子碳链中碳原子数大于等于 20,烯键数大于等于 3 的那一类多不饱和脂肪。脂肪酸不单是鱼虾等水生动物生长过程中的重要能量来源,某些高不饱和脂肪酸还是鱼虾蟹幼体正常发育和生长的必需营养物质。不同藻类的脂肪酸组成特点不同,硅藻类的 HUFA 主要为 20∶5n3(EPA);金藻类的 HUFA 富含 22∶6n3(DHA)和 EPA;绿藻类则一般缺乏 DHA。脂肪酸的组成及其含量是影响微藻营养价值的重要因素,而培养条件则会对微藻的脂肪酸组成及含量产生影响。

微藻细胞中的脂肪酸通常与甘油、固醇类等物质结合在一起,以中性脂和极性脂的形式存在。细胞中的脂类物质可用氯仿-甲醇等有机溶剂提取。提取的脂肪用苯-石油醚溶液和 NaOH-甲醇溶液进行水解和甲酯化后,将生成脂肪酸甲酯。脂肪酸甲酯样品可用气象色谱仪在特定的条件下进行分析,以脂肪酸标准品为对照,根据保留时间可确定脂肪酸的性质,并可用归一化法计算每一种脂肪酸的相对含量。

【实验材料、仪器与试剂】

1. 实验材料

藻液、不锈钢药匙、培养皿、干燥器、试管、漏斗、滤纸、玻璃棒、圆底烧瓶、10 ml 刻度离心管、移液管、移液枪、1.5 ml 塑料离心管、微量进样针。

2. 实验仪器

大容量离心机、冷冻干燥机、冰箱、电子天平、旋转蒸发仪、真空泵、气相色谱仪工作站。

3. 实验试剂

氯仿-甲醇(v∶v=2∶1)溶剂、苯-石油醚(苯∶石油醚=1∶1)溶剂、0.5 mol/L NaOH-甲醇溶液、蒸馏水、混合脂肪酸标准品(购自 Sigma 公司,含有从 6C 到 24C 的 37 种脂肪酸(图 11-1))。

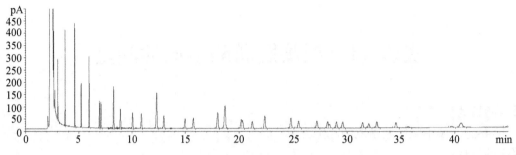

图 11-1   混合脂肪酸标准品的气相色谱仪图谱

【实验步骤】

1. 藻粉样品的收集及前处理

将培养好的藻液分装入离心瓶,在大容量离心机中进行离心(转速 5 000 r/min,离心 15 min),收集藻泥。藻泥用蒸馏水清洗后,再次离心,收集藻泥并转移入培养皿中。将培养皿中的藻泥先在常温冰箱中冷冻后,转入真空冷冻干燥机中进行-46 ℃冷冻干燥。干燥后的样品密封保存于冰箱中。

2. 脂肪提取

称取 0.2 g(视样品含脂量)左右的藻粉于洁净的试管中,加入 10 ml 氯仿-甲醇(2∶1,v∶v)溶剂,搅拌,30 min 后过滤;将滤液转移入圆底烧瓶,将圆底烧瓶接在旋转蒸发仪上,40 ℃水浴抽真空去除有机溶剂。

3. 脂肪的水解和甲脂化

在圆底烧瓶中加入 1.5 ml 苯-石油醚溶剂和 1.5 ml 的 0.5 mol/L NaOH-甲醇溶液,晃动烧瓶。20 min 后将溶液转移到 10 ml 洁净刻度离心管中,用蒸馏水分步稀释到 10.0 ml(先加入部分蒸馏水,振荡摇匀后继续稀释),静置 30 min,待溶液分层后,提取上层液体(脂肪酸甲酯)于 1.5 ml 离心管中。

4. 脂肪酸甲酯的提纯

将装有脂肪酸甲酯的 1.5 ml 离心管在低温下离心(10 000 r/min,3 min),以防止溶液中的杂质在随后的分析中干扰色谱检测及影响色谱毛细管柱寿命。取上清液装入样品瓶待用。

5. 色谱分析

用微量进样针取脂肪酸甲酯样品 2.0 μl,在 HP-6890A 型气相色谱仪上进行分析,仪器工作参数根据色谱毛细管柱的类型及样品脂肪酸的组成情况进行设定,获得样品脂肪酸分析图谱(图 11-2)。在同样的工作参数下获得脂肪酸标准品的分析图谱。

6. 脂肪酸的定性与分析

以脂肪酸标准品的分析图谱为参照,应用色谱分析软件,根据保留时间确定微藻脂肪酸的种类,并用归一法计算各脂肪酸的百分含量。

【注意事项】

1. 本方法采用极性色谱柱,藻泥应尽量冷冻干燥,脱水彻底。

2. 本实验采用自动进样,序列采集,工作站在序列运行之后不再允许更改序列采集方法,所以在运行某一序列之前应确认程序编辑无误。

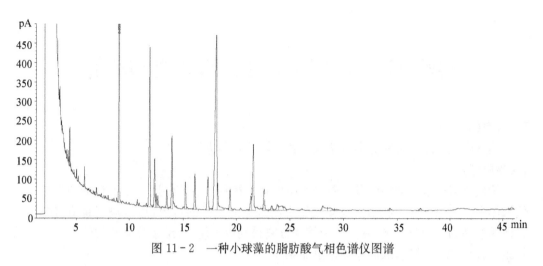

图 11-2　一种小球藻的脂肪酸气相色谱仪图谱

3. 为了保护毛细管柱,一定要确认升温程序在该型号色谱柱的温度允许范围内。

4. 同一样品的两次测定值之差不得超过两次测定平均值的 5%。

【实验报告】

获得所培养微藻的脂肪酸分析图谱,并对照脂肪酸标准品图谱,确定所培养微藻的脂肪酸种类,确定重要的不饱和脂肪酸、亚油酸、亚麻酸、花生四烯酸、EPA 和 DHA 的相对含量。

【思考题】

1. 了解气相色谱仪的基本构造和工作原理。

2. 查找资料了解常用饵料微藻的脂肪酸组成特点。

(黄旭雄)

实验 12　褶皱臂尾轮虫的分离与培养

【实验目的】

熟悉褶皱臂尾轮虫的分离方法及一般培养流程与方法。

【实验原理】

轮虫是多种水产动物苗种培养过程中的理想饵料。目前使用的轮虫种最初都是从天然水体中分离出来的。利用褶皱臂尾轮虫耐低氧能力强的特点,通过缺氧胁迫将轮虫从其他浮游动物中分离出来,并采用吸管法分离得到单个轮虫,给予分离到的轮虫合适的培养条件,使之不断繁殖,从而建立轮虫品系。

【实验材料、仪器和试剂】

1. 实验材料

浮游动物网、塑料提桶、尼龙筛网(网目为 300 μm 和 120 μm 各一块)、1 000 ml 的量筒、滤纸、漏斗、1 000 ml 三角烧瓶、塑料虹吸管、胶头滴管、培养皿、15 ml 试管、250 ml 三角烧瓶、小球藻液、100 ml 烧杯。

2. 实验仪器

解剖镜、煤气炉或电炉、小型充气系统。

3. 实验试剂

鲁哥氏碘液。

【实验步骤】

1. 褶皱臂尾轮虫的分离

(1) 水样的采集　　根据褶皱臂尾轮虫的生态特性,选择合适的时机采集含有褶皱臂尾轮虫的水体。一般在春、夏、秋三季,当水温达到 15 ℃以上,在海边高潮区的小水洼、小水塘等小型静止水体(尤其水质较肥,浮游藻类繁盛的水体)中,常有轮虫的生活。可用网目为 120 μm 左右的浮游生物网在这些小水体中捞取浮游生物。取样的最佳时刻是在清晨日出之前,此时轮虫因趋光性向水表层游动,捕捞效果最佳。同时采集 10 L 左右的水样,分成约 1 L 与 9 L 两份。将采集到的浮游生物暂养到其中一份 1 L 水体中,将水样带回实验室。

(2) 水样的初步处理　　将暂养有浮游生物的水样,用网目为 300 μm 的尼龙网过滤,去除大颗粒杂质及浮游生物,收集滤液,并将滤液装入 1 000 ml 的量筒中。将另一份水样用滤纸过滤后,收集滤液,装入三角烧瓶中加热冷却后待用。

(3) 水样的缺氧处理　　将量筒在室温下静止放置 8~24 h(具体依水样中浮游生物的密度而定)后,取量筒表层水样,滴加鲁哥氏碘液后,检查量筒表层水体中浮游动物的组成情况。通常可以看到表层水体中的浮游动物以轮虫为主。若检查中看不到褶皱臂尾轮虫,则需重新选择采样地点和时间,直至采集到褶皱臂尾轮虫。

(4) 轮虫的转移　　用塑料虹吸管将量筒中的表层水体虹吸到网目为 120 μm 的筛

绢上,用加热冷却的水样将此筛绢上的过滤物转移到 100 ml 的小烧杯中,继续静止数小时。

(5) 轮虫的分离　　用胶头滴管从 100 ml 量筒中取表层水体(富含褶皱臂尾轮虫) 10～30 ml,转移到培养皿中。在解剖镜下,用虹吸管挑选单个轮虫,分别转移到含有 10 ml 加热后冷却的水样的试管中。一般同时挑选 10～20 支试管。将其置于有光处 20～25 ℃ 培养。

(6) 轮虫的培养　　在试管中每天滴加数滴小球藻液,观察轮虫的生长和繁殖。当试管中轮虫数量增加后,分别将其转移到 250 ml 的三角烧瓶中,继续以小球藻为饵料进行培养。培养过程中的培养用水,采用原自然水体采集过滤的加热冷却水。按此法可建立起多个褶皱臂尾轮虫的克隆株,并可根据需要逐步调整培养用水的盐度和饵料,进行筛选保存。

2. 轮虫的小型培养

(1) 培养容器的清洗消毒　　实验室小型轮虫培养一般采用 1～5 L 的三角烧瓶进行。将烧瓶清洗干净后,装入少许自来水,盖好牛皮纸,在煤气炉或电炉上加热煮沸消毒。

(2) 培养用水的处理　　轮虫培养用水,需经砂滤器或网目小于 50 μm 的筛绢网过滤以除去大型浮游生物。如果需要在轮虫培养瓶中先培养微藻饵料,则培养用水可采用加热煮沸法消毒。

(3) 培养微藻饵料　　轮虫培养常用饵料微藻主要为小球藻、微绿球藻、扁藻等绿藻类的种类。具体的培养方法参考实验 9 进行。一般微藻培养 5～7 天可准备接种轮虫。

(4) 接种　　轮虫的接种量应根据种轮虫的多少、所用饵料种类及培养需求时间等因素而定。一般来说,接种量大些更好,因为接种密度越大,繁殖速度越快,可缩短培养时间。如单纯以藻类为饵料培养褶皱臂尾轮虫时,接种轮虫密度为 0.1～0.5 ind/ml 以上即可;用面包酵母为饵料培养褶皱臂尾轮虫时,接种量以 14～70 ind/ml 为宜。

(5) 投饵　　室内小型培养轮虫,多用微藻为饵料。一般每天投饵 2 次,除参考各种微藻的合适投饵量外,主要靠观察水色调整,投饵后水应呈现出淡的藻色,水变清后,则需及时补投饵料。若以酵母为饵料,则每天投喂面包酵母 2～3 次,日投饵量为 1×10^6 个轮虫投 1～1.2 g。根据轮虫的摄食情况,作适当调整。

(6) 搅拌或充气　　在每次投饵后需轻轻搅拌。若单纯投喂微藻饵料,充气量可小些,或间歇充气,甚至可完全不充气。若投喂酵母饵料,则培养过程中必须连续充气。

(7) 生长情况的观察和检查　　轮虫生长情况的好坏和繁殖速度的快慢是培养效果的反映,所以在培养中需经常观察和检查轮虫的生长情况,每天检测轮虫密度的变动情况。可用乳胶滴管取轮虫培养水样,对光观察,注意轮虫的活动速度、密度等状况。如果轮虫游泳活泼,分布均匀,密度加大,则为情况良好;如果活动力弱,多沉于底层,或集成团块状浮于水面上,密度不增加甚至减少,则表明情况异常。对轮虫的密度变化,最好能进行定量。除肉眼观察外,应吸取少量水样于小培养皿中,在解剖镜或显微镜下检查。生长良好的轮虫,身体肥大、胃肠饱满、活泼游动、多数成体带非需精卵,少的 1～2 个,多的 3～4 个(但用酵母培养的轮虫一般只带卵 1～2 个,很少有 3 个),不形成休眠卵。如果轮虫多数不带非需精卵或带休眠卵,雄体出现,轮虫死壳多,沉底,活动力弱等,都是不良现象。通过镜检还可以了解轮虫胃含物多寡,及时调整投饵量。

(8) 收获　　一般经过 3～7 天的培养,轮虫密度达到 400～600 ind/ml,即可收获。收获时,可用网目小于 100 μm 的筛绢虹吸过滤采集,采集后可作为饵料投喂或作为种轮虫继续培养。

【注意事项】

1. 由于褶皱臂尾轮虫对盐度的突然变化的耐受力较低,因此要求在分离过程中应测定轮虫原生活环境的盐度,培养轮虫用水的盐度应该与原生活环境的盐度相近。

2. 培养用水须严格消毒。

【实验报告】

记录轮虫培养过程中观察到的现象,测量抱卵率、密度等指标的变动情况。

【思考题】

讨论轮虫培养过程中抱卵率、混交雌体出现几率、休眠卵数量等指标在评估轮虫培养状态中的意义。

(黄旭雄,魏文志)

实验 13 动物性生物饵料密度测定

【实验目的】

掌握测定动物性生物饵料(轮虫、卤虫和枝角类)密度的方法。

【实验原理】

根据生物统计学原理,采取一定量的水样,通过测定水样中动物性生物饵料的密度,来估算其在培养水体中的密度。动物性生物饵料密度测定可采用浮游动物计数框进行。浮游动物计数框(图 13-1)是一有机玻璃制成的计数框,计数框的规格(长×宽×高)为 60 mm×30 mm×10 mm,计数框的中央有一计数池,计数池的面积为 40 mm×20 mm,深度为 5 mm,计数池面积被水平及垂直的格线分割成 200 个等份(20×10)。计数时在解剖镜下缓慢移动计数框,依次统计 200 个方格中的生物饵料的数量。

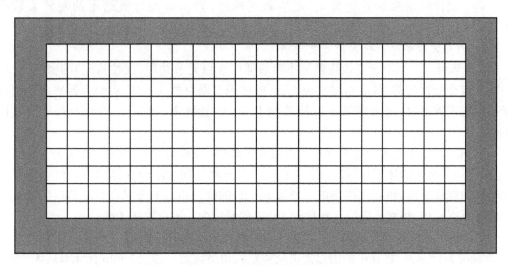

图 13-1 浮游动物计数框

【实验材料、仪器与试剂】

1. 实验材料

浮游动物计数框、10 ml 移液管、100 ml 取样瓶(取一个 100 ml 的白色广口试剂瓶,在瓶口处绑一竹竿制成)、1 000 ml 烧杯、计数器、直径 1 cm 的玻璃管(长度视培养容器深度而定)、10 ml 量筒、乳胶滴管。

2. 实验仪器

解剖镜。

3. 实验试剂

鲁哥氏碘液。

【实验步骤】

1. 轮虫密度的测定

(1) 取样　　测定三角烧瓶等小型培养容器中的轮虫密度时,可在充气或充分摇匀的情况下,用 10 ml 的移液管快速移取 2.0 ml 水样。对同一培养容器平行取样 3 次。

当测定培养池等大型培养容器中轮虫密度时,可在充气的情况下,根据培养水体的体积和深度,用 100 ml 的取样瓶分别在培养水体的不同位点和不同水层均匀取样 9 次,将各次取得的水样装入 1 L 的烧杯中,充分混合后,用 10 ml 的移液管快速移取 2.0 ml 水样,平行取样 3 次。

(2) 固定　　将取得的 2.0 ml 水样滴加到浮游动物计数框中,并加入 1～2 滴鲁哥氏碘液,将水样中的轮虫固定。

(3) 计数　　在解剖镜(4 倍物镜)下,根据浮游动物计数框的分割线,用计数器依次记录水样中轮虫的数量(N_i)。

(4) 密度计算　　根据 3 次计数的结果,求算所培养的轮虫的密度。

$$轮虫密度(个/ml) = (N_1 + N_2 + N_3)/3/2$$

若 3 次计数结果偏差比较大,则应重新取样,直至 3 次计数结果的变异系数小于 10%。

2. 卤虫无节幼体及枝角类密度的测定

(1) 取样　　当测定三角烧瓶等小型容器中卤虫无节幼体(或枝角类)的密度时,可在充气或充分摇匀的情况下,用直径 1 cm 的玻璃管垂直插入水体,达到容器底部后用食指按牢玻璃管上口,将水样取出后转移到 10 ml 的量筒中。对同一培养容器平行取样 3 次。

当测定培养池等大型培养容器中卤虫无节幼体(或枝角类)密度时,可在充气的情况下,根据培养水体的体积和深度,用 100 ml 的取样瓶分别在培养水体的不同位点和不同水层均匀取样 9 次,将各次取得的水样装入 1 L 的烧杯中。充分混合后,用直径 1 cm 的玻璃管垂直取样,将水样取出后转移到 10 ml 的量筒中。平行取样 3 次。

(2) 测定水样体积并固定　　读取 10 ml 量筒中水样的体积(V_i),随后向量筒中滴加 2～5 滴鲁哥氏碘液,将其中的卤虫无节幼体或枝角类固定。静止 5 min 让无节幼体(或枝角类)沉淀到量筒底部。

(3) 计数　　用胶头滴管移去量筒中上层液体,将水体控制在 2.0 ml 左右,将量筒中的水样摇匀后完全转移到浮游动物计数框中(必要时可用少量蒸馏水清洗量筒壁)。在解剖镜(4 倍物镜)下,根据浮游动物计数框的分割线,依次统计水样中卤虫无节幼体(或枝角类)的数量(N_i)。

(4) 密度计算　　根据 3 次计数的结果,求算所培养的卤虫无节幼体(或枝角类)的密度。

$$卤虫无节幼体(或枝角类)的密度(个/ml) = (N_1/V_1 + N_2/V_2 + N_3/V_3)/3$$

若 3 次密度结果偏差比较大,则应重新取样,直至 3 次计数结果的变异系数小于 10%。

【注意事项】

1. 轮虫在计数时,沉淀样品要充分摇匀,然后定量吸入计数框中。
2. 卤虫无节幼体及枝角类密度计数时,最好是分若干次全部计数。

【实验报告】

记录每次取样的测定值,并统计平均值和标准误差。

【思考题】

动物性生物饵料(轮虫、枝角类、卤虫无节幼体等)密度的测定可用血细胞计数板计数吗?

（黄旭雄,魏文志）

实验 14　卤虫卵的孵化及孵化率的测定

【实验目的】

1. 熟悉卤虫卵的孵化方法；
2. 了解 3 种卤虫卵孵化率的测定技术。

【实验原理】

卤虫的休眠卵从本质上讲是一个外周包裹有硬壳的约含 4 000 个细胞的原肠胚。水产动物苗种生产中使用的卤虫休眠卵，从生理特性分析，主要是静止期的休眠卵。静止期的休眠卵因外界不良环境条件(包括低湿,低温,缺氧等)引起低代谢水平,处于静止状态的卵,一旦外界环境条件得到改善,正常的新陈代谢就会恢复,并继续发育孵化出无节幼体(图 14-1)。

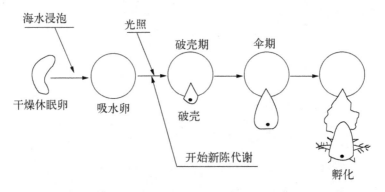

图 14-1　卤虫卵在孵化过程中的形态变化(仿自成永旭,2005)

卤虫卵的孵化率,是指每 100 个卤虫卵能够孵化出的无节幼体的数量。通过统计孵化前休眠卵的数量和孵化后无节幼体的数量,可以计算卤虫卵的孵化率。卤虫卵的孵化率是重要的孵化性能指标之一,也是衡量卤虫卵孵化性能的最常用的指标。测定卤虫卵的孵化率的方法有数粒法、溶壳法、密度法等多种。不同孵化率测定方法所得到的结果略有差异。

数粒法通常取 400 粒左右的卤虫卵,经准确计数(A)后,将所取的卤虫卵转移到装有过滤海水的100 ml 小烧杯中,放置于适宜的温度、光照条件下孵化。一般孵化 36 h 后,用胶头滴管吸取并计数全部无节幼体数量(B)。孵化率＝B/A×100%。

密度法通常称取 1 g 卤虫卵,转移到带刻度的 500 ml 柱形孵化容器中,从容器底部充气,使卤虫卵在孵化海水中均匀悬浮分布。然后吸取均匀样液 1 ml 并计数所含卤虫卵(A)。将孵化容器放置于适宜的温度、光照条件下孵化。孵化 36 h 后,停气,将孵化用水的总体积恢复到 500 ml。然后继续从容器底部充气,使无节幼体在水体中均匀分布。吸取 1 ml 孵化水样并计数所含无节幼体数(B)。孵化率＝B/A×100%。

溶壳法通常称取 1.5 g 卤虫卵转移到 1 000 ml 柱形孵化容器中,从容器底部充气,使卤虫卵在孵化海水中均匀悬浮分布。将孵化容器放置于适宜的温度、光照条件下孵化。孵化 36 h 后,在不停气的情况下吸取 1 ml 孵化水样,用 5% 的次氯酸钠溶壳液对水样中的卵壳及未孵化的卵进行去壳,然后统计无节幼体数(B)和未孵化的去壳卵数(C)。孵化率＝B/(B＋C)×100%。

【实验材料、仪器和试剂】

1. 实验材料

载玻片、解剖针、海水、卤虫卵、100 ml 小烧杯、胶头滴管、1 000 ml 量筒、黑布、网目约为 200 μm 的筛绢网袋、1 000 ml 玻璃烧杯。

2. 实验仪器

光照培养箱、解剖镜、小型充气泵、气管及气石。

3. 实验试剂

鲁哥氏碘液、次氯酸钠溶液或甲醛溶液。

【实验步骤】

1. 卤虫卵的孵化

(1) 准备工作　准备好 1 000 ml 量筒,装入 1 000 ml 过滤海水,将其放入光照培养箱。在量筒中接入冲气管和气石,接通小型气泵。启动光照培养箱,调节温度为 25～30 ℃,持续光照。

(2) 卤虫卵的清洗、浸泡与消毒　称取 2～3 g 卤虫卵,将卤虫卵装入 200 μm 的筛绢袋中,在自来水中充分搓洗,直至搓洗后的水较为澄清。然后将虫卵在洁净的淡水中浸泡 1 h。为了防止卤虫卵壳表面黏附的细菌、纤毛虫以及其他有害生物的危害,最好将浸泡后的卤虫卵用 200 mg/L 的有效氯或甲醛浸泡 30 min,再用海水冲洗至无味;或用 300 mg/L 的高锰酸钾溶液浸泡 5 min,用海水冲洗至流出的海水无色。

(3) 卤虫卵的孵化　把消毒好的虫卵放入 1 000 ml 量筒,调节充气量的大小,使底部无卤虫卵沉积。孵化过程中观察卤虫卵的变化情况。一般卤虫卵的孵化时间采用 24～30 h。

(4) 幼体适时采收　经过 24～30 h 后,当绝大多数可孵化的虫卵已孵出幼体后,应适时将无节幼体分离采收。过早的分离采收会影响卤虫卵的孵化率,过迟则会影响卤虫幼体的营养价值和活力。无节幼体在孵化后 24 h 内即会进行蜕皮生长,而蜕皮会使初孵无节幼体的单个干重、热量值和类脂物含量分别会下降 20%、27% 和 27% 左右。同时,随时间的推移,无节幼体逐渐长大,游泳速度也增快,在无食物的情况下体色逐渐由橘红色变为透明。

(5) 无节幼体的分离　孵化结束后,停气,在量筒中插入玻璃管,并在顶端蒙上黑布,静置 10 min。在黑暗环境中,未孵化的卵最先沉入量筒底部,而卵壳则漂浮在水体表层。初孵无节幼体因运动能力弱,在黑暗中因重力作用大多聚集在水体的中下层。从量筒中下层虹吸,用网目约为 200 μm 的筛绢网袋,收集无节幼体,当量筒中液面降到接近量筒底部,取走虹吸管。

将筛绢袋中的无节幼体转移到装有干净海水的 1 000 ml 玻璃烧杯中,利用无节幼体的趋光性,进一步做光诱分离,得到较为纯净的卤虫无节幼体。

2. 卤虫卵孵化率的测定——数粒法

1）取一干净载玻片，滴一滴海水，将解剖针针尖浸湿，蘸取少量（200 粒左右）卤虫卵转移到载玻片的水滴中。

2）在载玻片上将虫卵用解剖针排成直线，缓慢移动载玻片，准确数 100 粒卤虫卵，用解剖针小心将这 100 粒虫卵拨到载玻片的一端，多余的虫卵和水用吸水纸擦去。

3）将玻片倾斜，有虫卵的一端靠在小烧杯内壁，用胶头滴管吸取海水，从玻片上端将虫卵全部转移到小烧杯内。

4）向小烧杯中加入 50 ml 海水，将小烧杯转移到光照培养箱中，控制光强在 3 000 lx，温度 28 ℃。连续孵化 24 h。

5）24 h 后将无节幼体用鲁哥氏碘液固定，统计无节幼体的数量。

【注意事项】

1. 在计数卤虫卵数量的时候，注意排除卤虫卵中的空壳和死卵。

2. 在将载玻片上卵粒放入烧杯时，应注意冲洗载玻片两面，防止载玻片上留有卤虫卵粒。

3. 在计数孵出卤虫无节幼体时，应包括处于孵化伞期的卵粒。

【实验报告】

1. 统计实验用卤虫卵的孵化率。

2. 根据卤虫孵化的生物学原理讨论提高卤虫卵的孵化率的措施。

【思考题】

采用哪些方法，可以提高卤虫卵的孵化率？

（黄旭雄）

实验 15　卤虫的形态观察

【实验目的】

熟悉卤虫生活史各阶段的基本形态特征。

【实验原理】

卤虫的发育过程要经过卵、无节幼体、后无节幼体、拟成虫期幼体和成虫等阶段，一生蜕皮 12~15 次。从初孵无节幼体到成体的发育过程中，除了形态发生巨大的变化外，其体长也由 0.3~0.4 mm 长至成体阶段的 1.2~1.5 cm，因此在卤虫的发育过程中，可用解剖镜进行形态的观察。

【实验材料、仪器与试剂】

1. 实验材料

卤虫初孵无节幼体、5 L 大烧杯、微绿球藻、酵母、海水、网目约为 200 μm 的筛绢网、解剖针、凹玻片、小型充气系统、粗口胶头滴管。

2. 实验仪器

解剖镜。

3. 实验试剂

鲁哥氏碘液。

【实验步骤】

1. 卤虫无节幼体的孵化及分离

参照实验 14 进行。

2. 卤虫无节幼体的养殖

将孵化后分离得到的卤虫无节幼体转移到 5 L 大烧杯中，卤虫的养殖密度控制在 3~5 个/ml。充气培养，每天投喂微绿球藻和酵母的混合物，每次投喂后使养殖水体略显混浊。每天用网目约为 200 μm 的筛绢网少量换水。养殖 10~15 天，可获得性成熟的卤虫成体。

3. 卤虫发育及形态的观察

在养殖期间，每天取样观察卤虫的形态特征。用粗口胶头滴管取样，将取得的不同生活阶段的卤虫放置于凹玻片上，在解剖镜下观察其运动形态，然后将样品用碘液固定后，观察其形态特征。

初孵无节幼体：体长一般为 400~500 μm，体内充满卵黄，颜色为橘红色；有三对附肢：第一触角(1st antennae)有感觉功能，第二触角(2nd antennae)有运动及滤食功能，一对大颚(mandibels)有摄食功能；在头部有一单眼(nauplius eye)；初孵无节幼体的口及肛门尚未打通，无法摄食，靠消化自身贮存的卵黄维持新陈代谢。

初孵无节幼体在适宜的温度条件下，一般在 12 h 后可蜕皮一次，发育成 Ⅱ 龄无节幼体(Instar Ⅱ)，此时进入后无节幼体阶段。Ⅱ 龄无节幼体的消化道已经打通，开始摄取外源性营养,由第二触角的运动摄取几微米至十几微米大小的颗粒。在后无节幼体阶段,身体逐渐延长,后部出现不明显分节,且每蜕皮一次,体节都有增加。

无节幼体在第4次蜕皮后,变态成拟成虫期幼体。拟成虫期幼体体长增加明显,已形成不具附肢的后体节,同时在头部出现复眼。拟成虫期幼体在第10次蜕皮后,形态上变化明显,触角失去运动能力,第二触角前端朝向后方。体长2 mm左右时,雌雄开始分化,在生殖体节上可看到外部生殖器的原基。雄虫第二触角变成斧状的抱器,而雌体的第二触角则退化成感觉器官。胸肢也分化成机能不同的端肢节,内肢节和外肢节三部分。

初孵无节幼体经12~15次蜕皮后,变态成成虫。性成熟的成虫,在每一次繁殖后,进行下一次繁殖前,均需蜕皮一次。繁殖出的后代因环境条件的不同,可以是活泼的无节幼体,也可以是夏卵或冬卵。

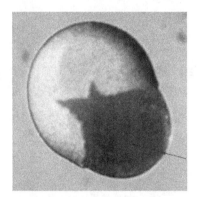

图 15-1　破壳期的卤虫卵

(引自 Robert A Browne,1991)

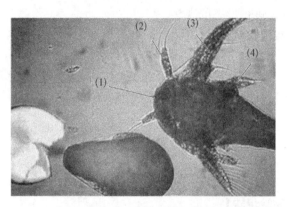

图 15-2　灯笼幼体(左下)和初孵无节幼体(右)

(1) 单眼;(2) 第一触角;(3) 第二触角;(4) 大颚

(引自 Robert A Browne,1991)

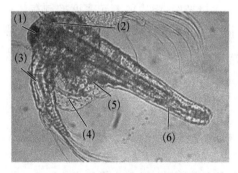

图 15-3　拟成虫期(V龄)幼体

(1) 单眼;(2) 一侧复眼;(3) 第二触角;(4) 上唇;
(5) 胸肢突起;(6) 消化道

(引自 Robert A Browne,1991)

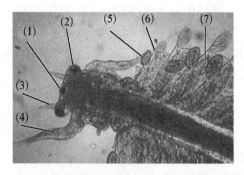

图 15-4　拟成虫期(XII龄)幼体的头部及前胸区

(1) 单眼;(2) 一侧复眼;(3) 第一触角;(4) 第
二触角;(5) 外肢;(6) 端肢;(7) 内肢

(引自 Robert A Browne,1991)

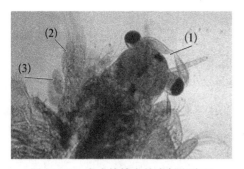

图 15-5　未成熟雄虫的头部和胸区

(1) 第二触角；(2) 端肢；(3) 外肢

（引自 Robert A Browne,1991）

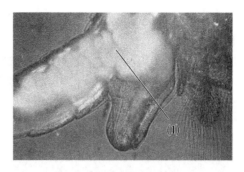

图 15-6　怀卵雌虫的后胸区、腹部和卵囊

(1) 卵巢及输卵管中成熟的卵

（引自 Robert A Browne,1991）

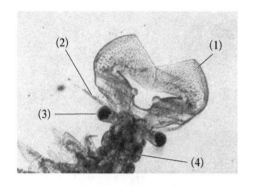

图 15-7　雄虫的头部

(1) 第二触角；(2) 第一触角；(3) 一侧复眼；

(4) 上唇（引自 Robert A Browne,1991）

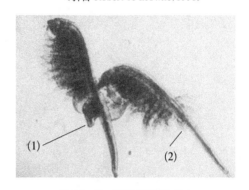

图 15-8　抱对交配的卤虫

(1) 卵囊；(2) 交接器

（引自 Robert A Browne,1991）

图 15-9　雄虫全貌

（引自 Robert A Browne,1991）

图 15-10　雌虫全貌

（引自 Robert A Browne,1991）

【注意事项】

1. 无节幼体的养殖过程中,投喂微绿球藻和酵母数量不可过多,否则会败坏水质。

2. 卤虫形态的观察,应选择能看到完整卤虫形态的视野。

【实验报告】

1. 记录卤虫的养殖过程。

2. 测量不同日龄卤虫的体长。

3. 描绘卤虫初孵无节幼体和后无节幼体的形态。

【思考题】

1. 如何利用解剖镜上物镜和目镜计算观察到卤虫的放大倍数?
2. 卤虫在生长发育过程中,形态最大的变化是什么?

（黄旭雄）

实验 16　卤虫卵的去壳实验及空壳率的测定

【实验目的】
1. 掌握卤虫卵去壳技术；
2. 观察去壳过程中卤虫卵形态的变化；
3. 采用去壳法测定卤虫卵的空壳率。

【实验原理】
　　卤虫休眠卵的结构如图 16-1 所示。卵壳部分包括 3 层结构。最外层是咖啡色硬壳层(chorion)。硬壳层的主要成分是脂蛋白、几丁质和正铁血红素。正铁血红素是卤虫血红蛋白的降解产物,其含量的多少决定了卤虫卵颜色的深浅。硬壳层在结构上又可分为表面相对致密的表层(cuticular layer,CL)和其下相对疏松的蜂窝状层(alveolar layer,AL)。硬壳层的主要功能是保护其内的胚胎免受机械和辐射的损伤。这层壳在强碱性条件下可以被一定浓度的次氯酸盐溶液氧化除去。中间层为外表皮膜(outer cuticular membrane,OCM),外表皮膜由特殊过滤功能的多层薄膜构成,具有筛分作用,能阻止相对分子量比二氧化碳大的物质渗透入膜,从而起保护胚胎的作用。壳的最内层为胚表皮(embryonic cuticle),这是一层透明的富有弹性的膜,可分为纤维质层(fibrous layer,FL)和与胚胎相邻的内表皮膜(inner cuticular membrane,ICM)两层。膜内的胚胎为一约有4 000个细胞的原肠胚。

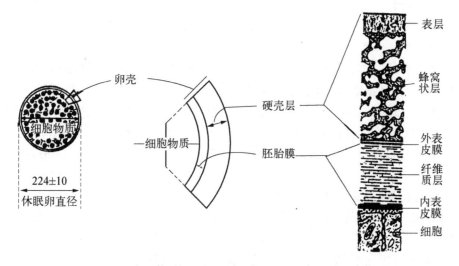

图 16-1　卤虫休眠卵的结构(仿自 Robert A Browne,1991)

　　若只有卤虫卵壳的外层被次氯酸氧化除去,则剩余的外表皮膜包裹的胚胎的活力不受影响,在适宜的条件下,胚胎仍然能够继续发育。

　　去壳液由次氯酸盐,海水和 pH 稳定剂配置而成,已有经验表明：次氯酸盐中的每克有效氯可氧化 2～2.5 g 卤虫卵的卵壳,每克卵加入 13 ml 去壳液和 pH 稳定剂 0.13 g NaOH(或 Na₂CO₃)

【实验材料、仪器和试剂】

1. 实验材料

烧杯(500 ml、100 ml 各 2 只)、量筒(200 ml、100 ml 各 1 个)、温度计、凹玻片、解剖针、胶头滴管、网目约为 200 μm 的筛网。

2. 实验仪器

分析天平、解剖镜。

3. 实验试剂

NaClO、NaOH、海水、Na₂S₂O₃ 溶液、KI 溶液。

【实验步骤】

1. 去壳液的配制

例:用浓度为 10% 的次氯酸钠溶液作为去壳原料配制卵的去壳液,计算程序如下。

1) 10 g 卵所需的去壳液的总体积为 13 ml×10＝130 ml。

2) 按每 2 g 卵需 1 g 有效氯计算,10 g 卵所需的有效氯为 10/2＝5 g。

3) 含 5 g 有效氯所需 10% 次氯酸钠溶液的毫升数,可由下式算出。

$$100 : 10 = X : 5 \rightarrow X = 100 \times 5/10 = 50 \text{ ml}$$

4) 所需海水量 130 ml－50 ml＝80 ml。

5) 所需 NaOH 的量为 0.13 g×10＝1.3 g。

这样用 80 ml 海水加 1.3 g NaOH,再加 10% 次氯酸钠溶液 50 ml 就配成了 10 g 去壳卵所需的去壳液。

漂白粉亦可使用,算法同上,但漂白粉使用前应进行有效氯的测定。

2. 卤虫卵的去壳过程

1) 卤虫卵的清洗及水化处理:称取一定量的卵放入盛有海水或自来水的容器中,通气搅拌使卵保持悬浮状态;1 h 后把卵放在网目约为 200 μm 的筛网上洗净过滤。

2) 去壳:把滤出的卵放入已配好的去壳液中,并搅拌。卵的颜色渐渐由咖啡色变为白色,进而橘红色。此过程最好在 6～15 min 内完成(与温度有关,超过 10 min 会影响孵化率)。在去壳过程中,为了防止温度过分升高(最高不宜超过 40 ℃),可用自来水水浴降温。

3) 清洗脱氯:将去壳卵溶液内加水若干,倒入筛网上,用自来水或海水冲洗,直至无氯味,然后把经过冲洗的卵放入盛有海水或自来水的容器中(每 5～10 ml 水放入 1 g 卵),加入 1%～2% 的 Na₂S₂O₃ 溶液,去氯情况可用 0.1 mol/L 的 KI 溶液(将 16.6 g KI 溶于 1 L 蒸馏水中)和淀粉溶液检查。方法是:取少量已脱氯的卵,加入 0.1 mol/L 的 KI 溶液和淀粉溶液,如不出现蓝色,表示氯已去净。

4) 去壳卵的处理:去氯后的去壳卵可以直接投喂,也可以孵化后投喂或放入－4 ℃冰箱中保存。

5) 另在解剖镜下数取 100 粒已吸涨的卤虫卵,放在凹玻片上,滴加几滴去壳液,待完全去壳后统计去壳卵的数量,计算空壳率。

【注意事项】

1. 在去壳过程中防止温度升高到 40 ℃以上,以免降低卤虫卵的孵化率。

2. 去壳液要现配现用。

3. 加水的主要目的是冲稀次氯酸盐的浓度,以免腐蚀丝质筛网造成破洞。

【实验报告】

1. 描述去壳过程中发现的现象。

2. 求算实验用卤虫卵的空壳率。

【思考题】

1. 为什么卤虫卵壳的外层能被次氯酸氧化除去,而外表皮膜包裹的胚胎不能被次氯酸氧化?

2. 去壳后的卤虫卵胚胎仍能正常孵化吗?

（黄旭雄）

实验 17　卤虫卵含水率的测定

【实验目的】

掌握卤虫休眠卵含水率的测定方法,以便今后正确评价卤虫卵的品质。

【实验原理】

卤虫休眠卵因卵内含有海藻多糖,在一定的条件下海藻多糖能分解成甘油,使得干燥后的卤虫休眠卵极易从环境中吸湿受潮,从而使卤虫卵内的水分含量升高。而卤虫卵内的水分含量与卵的保存时间及保存后的孵化性能密切相关。只有把卤虫卵的水分含量降低到10%以下,才能长期保存卤虫休眠卵而不影响其孵化率。因此,卤虫卵水分含量是衡量卤虫休眠卵品质的重要指标。水分的测定采用烘干恒重法。但是,由于卤虫休眠卵的外壳中含有脂蛋白,采用常规120℃烘干,会造成脂蛋白变性从而导致卵壳的透气性变差,卵内的水分不能完全逸出。故必须采用在相对低的温度下烘干至恒重,通常采用60℃烘干恒重法。

【实验材料、仪器与试剂】

1. 实验材料

卤虫休眠卵、称量瓶、锡箔、干燥器。

2. 实验仪器

烘箱、精密电子天平。

【实验步骤】

1. 取3个干燥的称量瓶,也可用自制的锡铂纸小盒,在60℃的烘箱中烘烤2h,然后将称量瓶(锡箔盒)放入干燥器中。冷却后用精密天平(精确度为0.1mg)分别称量其重量。

2. 再次将称量后的称量瓶(锡箔盒)在60℃的烘箱中烘烤2h,然后将称量瓶(锡箔盒)放入干燥器中。冷却后用精密天平分别称量其重量。检查称量瓶(锡箔盒)是否已烘干至恒重。若未恒重,则继续烘干。若恒重,则分别记录其重量T_1、T_2、T_3。

3. 在每个称量瓶中装入待测的卤虫卵样品,用精密天平分别测得重量G_1、G_2、G_3。

4. 将装有卤虫卵的称量瓶放入烘箱60℃烘干24h,取出后放入干燥器中。冷却后用精密天平分别称量其重量G_1'、G_2'、G_3'。

5. 计算含水率:$W_i = (G_i - G_i')/(G_i' - T_i) \times 100$,并求算平均值。

【注意事项】

从烘箱中取出的样品要及时转移到干燥器中冷却后才能称量。

【实验报告】

记录实验数据并测算实验用卤虫卵的含水率。

【思考题】

若反复烘干称重时的样品重量增加,说明是何原因。

(黄旭雄)

实验 18 卤虫卵孵化速率及孵化 同步性的测定

【实验目的】

掌握卤虫休眠卵孵化速率及孵化同步性的测定方法,以便今后正确评价卤虫卵的品质。

【实验原理】

卤虫卵的孵化速率及孵化同步性是衡量卤虫休眠卵质量的重要孵化指标。同一批次的卤虫卵,在人工孵化的时候,由于每一个卤虫卵的生理状态并不完全相同,因此,孵化过程中初孵无节幼体出膜的时间也不完全相同。因此,引入孵化速率或孵化同步性的概念来衡量同一批次卤虫卵的孵化性能。孵化速率指从将卤虫卵放入海水到无节幼体孵出所需的时间。在实际的测算过程中,通常在标准孵化条件下,用 90% 可孵化的卤虫卵孵出无节幼体所需的时间与第一个卤虫无节幼体孵出无节幼体的时间的差值来表示孵化速度。孵化同步性通过计算 90% 可孵化的卤虫卵孵出所需的时间与 10% 可孵化的卤虫卵孵出无节幼体所需的时间的差值而获得。在其他指标相同的情况下,孵化速度越快,孵化同步性越好,因而得到的无节幼体所含的能量也越高,卵的应用价值也越好。

【实验材料、仪器与试剂】

1. 实验材料

载玻片、解剖针、海水、卤虫卵、100 ml 小烧杯、1 ml 移液器、1 000 ml 量筒、小型充气泵、气管及气石、培养皿。

2. 实验仪器

光照培养箱、解剖镜、电子天平。

3. 实验试剂

鲁哥氏碘液、次氯酸钠溶液或甲醛溶液。

【实验步骤】

1. 称取 250 mg 的卤虫卵放入 80 ml 的 35‰ 的海水中,光照强度控制为 1 000 lx,并且连续光照,水温控制为 25 ℃,最好是在锥形瓶中进行,从底部充气使得所有的虫卵均悬浮在海水中,但充气不可太强,以免出现泡沫。

2. 1 h 后,加入 20 ml 海水,使得水位为 100 ml,并且在 100 ml 处的水位线上做一记号。

3. 10~12 h 后,由于蒸发,水位线下降,此时再加入适量的水使水位达到 100 ml。再过 1 h 后,用移液器取四个样,每个样品为 0.25 ml,分别转移到培养皿内。

4. 在每个样品中加数滴鲁哥氏碘液将幼体固定,然后在解剖镜下计数无节幼体数量。

5. 继续每隔 1 h 取样一次,按上两步的方法取样计数,直到连续三次取样均能得到相近稳定的无节幼体数量为止。在取样的过程中,每隔 3 h 要补充蒸发掉的水分。

6. 从每次取样的无节幼体的计数,可算出该时刻的孵化效率(即每克卵能孵出的无节幼体只数)。以最高孵化效率的值当作 100%,计算出每次取样与最高孵化效率的百分比值,然后做出百分比值随时间的变化图,从图上可以找出 10% 的虫卵孵化所需时间 T_{10},50% 虫卵孵化所需时间 T_{50},90% 虫卵孵化所需时间 T_{90} 等。

【注意事项】

1. 在孵化过程中,应适量充气保持卤虫卵均处于悬浮状态,且保持水位恒定。

2. 用移液器取样时,调节充气量并尽量保证卵及无节幼体在孵化用水中呈均匀分布。

【实验报告】

根据实验测定的数据,计算实验用批次卤虫卵的孵化速率和孵化同步性。

【思考题】

除了本实验中的测定方法,根据孵化速率和孵化同步性的概念,是否还可以有其他不同的测定方法?

(黄旭雄)

实验 19　卤虫的脂肪酸营养强化及强化效果评价

【实验目的】
了解多不饱和脂肪酸(PUFA)营养强化的一般流程和方法。

【实验原理】
卤虫无节幼体在消化道打通之后,以滤食水体中的小颗粒物质为饵料,是一种典型的滤食生物,只要是数微米至 50 μm 的颗粒状物质均可被卤虫摄食,而对大小为 5~16 μm 的颗粒有较高的摄入率。卤虫对食物的种类没有选择性,仅对食物的大小有选择。饵料的脂肪酸会影响到卤虫体内的脂肪酸的含量及组成。利用卤虫非选择性滤食习性,将含高浓度不饱和脂肪酸丰富的饵料投喂给卤虫,在摄食后的一定时间内,可以提高卤虫的高不饱和脂肪酸含量,同时卤虫消化道中也会贮存一定量的高不饱和脂肪酸(卤虫成为一个生物包囊),改善卤虫作为饵料的营养价值(图 19-1)。

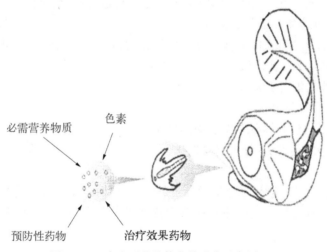

图 19-1　卤虫无节幼体营养强化示意图

(仿自 Partick Lavens and Partick Sorgeloos, 1986)

【实验材料、仪器与试剂】
1. 实验材料

100 ml 烧杯、玻璃棒、富含 PUFA 的精制鱼油、大豆卵磷脂、卤虫休眠卵、小型充气泵、气管、1 000 ml 量筒、网目约为 200 μm 的筛绢网袋、乳胶滴管、200 ml 量筒、气石、海水、解剖针。

2. 实验仪器

冰箱、家用多功能食品粉碎机、显微镜。

3. 实验试剂

吐温 80。

【实验步骤】

1. PUFA 强化剂的制备

取 10 ml 富含 PUFA 的精制鱼油,倒入干净的烧杯内,同时加入 1.0～2.5 ml 大豆卵磷脂和 1% 的吐温 80(具体视所用磷脂的 HLB 亲水亲油值及用途而定),用玻璃棒充分搅拌均匀,在冰箱中密封冷冻保存待用。

2. 卤虫无节幼体的孵化、收集与暂养

取 2 g 卤虫休眠卵,参照实验 12 的孵化条件进行卤虫休眠卵的孵化。将孵化出的卤虫初孵无节幼体分离收集,并将卤虫无节幼体在洁净的海水中暂养 12 h 左右(视暂养温度而定,一般可设在 25 ℃),等待卤虫无节幼体开始摄取外源性营养。

3. 营养强化设施的准备

准备好一个 1 000 ml 的量筒,装入洁净海水 800 ml,并安装好充气管,调节气泡为适中大小。

4. PUFA 强化剂的乳化

取一台家用多功能食品粉碎机,先加入 200 ml 海水,然后加入 2 ml PUFA 强化剂,剧烈搅拌 2～3 min 进行乳化。取一滴水样,在显微镜下查看乳化脂滴的大小是否合适,若大部分乳化脂滴直径在 15 μm,则表明,其大小不合适,需继续搅拌。

5. 卤虫无节幼体的营养强化

过滤收集消化道打通能够摄取外源性营养的卤虫无节幼体,将其转移到 1 000 ml 量筒内。取 50 ml PUFA 乳化液,缓慢加入到 1 000 ml 量筒中,并调节气量至适中。强化 8～12 h 后,过滤收集卤虫无节幼体。

6. 强化效果的分析

将收集的强化前后的卤虫无节幼体用蒸馏水漂洗后,冷冻干燥。参照实验 9 中脂肪及脂肪酸组成的测定方法,分析营养强化后卤虫无节幼体的脂肪及脂肪酸组成。

【注意事项】

1. 在强化过程中,应该采用洁净消毒的海水,同时适量充气保持溶氧。

2. 在强化的过程中,应该注意保持卤虫无节幼体的活力,如出现活力下降,应及时捞出。

【实验报告】

1. 在显微镜下测定不同乳化时间(2 min,3 min,5 min)下乳化油脂的颗粒大小。

2. 统计强化过程中卤虫无节幼体的成活率。

3. 根据脂肪酸检测结果,分析 PUFA 强化效果,并探讨影响卤虫无节幼体 PUFA 强化效果的因子。

【思考题】

营养强化过程中,影响营养强化效果的因素有哪些?

(黄旭雄)

实验 20　轮虫的维生素 C 营养强化及效果评价

【实验目的】

了解维生素 C 营养强化的一般流程和方法。

【实验原理】

褶皱臂尾轮虫以滤食水体中的小颗粒物质为饵料,是一种典型的滤食生物,只要是数微米至十几微米的颗粒状物质均可被其摄食。褶皱臂尾轮虫同卤虫一样,对食物的种类没有选择性,仅对食物的大小有选择。维生素 C 是水产动物重要的营养素,因此,可利用褶皱臂尾轮虫非选择性滤食习性,将含高浓度维生素 C 的饵料投喂给褶皱臂尾轮虫,在其摄食后的一定时间内,可以提高褶皱臂尾轮虫的维生素 C 水平,改善褶皱臂尾轮虫作为饵料时的维生素 C 营养价值。

【实验材料、仪器与试剂】

1. 实验材料

100 ml 烧杯、玻璃棒、小型充气泵、气管、1 000 ml 量筒、网目约为 200 μm 的筛绢网袋、乳胶滴管、200 ml 量筒、轮虫、50 ml 棕色容量瓶、微量进样针、孔径为 0.45 μm 的滤膜、海水。

2. 实验仪器

冰箱、家用多功能食品粉碎机、显微镜、高效液相色谱仪、电子天平。

3. 实验试剂

抗坏血酸棕榈酸酯、大豆卵磷脂、精制鱼油、维生素 C 标准品、0.1% 草酸溶液。

【实验步骤】

1. 维生素 C 强化剂的制备

取 5 g 抗坏血酸棕榈酸酯,加入 5 ml 精制鱼油和 5 ml 大豆卵磷脂,用玻璃棒充分搅拌均匀,在冰箱中密封冷冻保存待用。

2. 营养强化设施的准备

取 1 000 ml 的量筒,装入洁净海水 800 ml,并安装好充气管,将气泡调节为适中大小。

3. 维生素 C 强化剂的乳化

取家用多功能食品粉碎机,加 200 ml 海水,然后加入准备好的维生素 C 强化剂,剧烈搅拌 2~3 min 进行乳化。取一滴水样,在显微镜下查看乳化脂滴的大小是否合适,若乳化脂滴直径大于 15 μm,则表明其大小不合适,需继续搅拌。

4. 褶皱臂尾轮虫的维生素 C 营养强化

沥取褶皱臂尾轮虫,将其转移到量筒内,调整轮虫的密度在 300~500 个/ml。取 40 ml 维生素 C 乳化液,加入到量筒中,保持强化水体的体积为 800 ml 并将气量调至适中。强化 6 h 后,过滤收集轮虫。

5. 维生素 C 营养强化效果的检测

(1) 样品的处理　将收集的轮虫用蒸馏水漂洗后,称取 1.0 g 轮虫,用 0.1% 草酸溶液 5.0 ml 作缓冲溶液,放置于组织匀浆机中匀浆,6 000 r/min 离心 10 min,取上清,分析前用 0.45 μm 滤膜过滤。

(2) 维生素 C 标准溶液的制备　准确称取维生素 C 标准品 50.2 mg 于小烧杯中,用 0.1% 草酸溶液溶解,转移至 50 ml 棕色容量瓶中,稀释至刻度,得到维生素 C 含量为 1 000 μg/ml 的标准溶液。液相色谱检测前并将其按比例稀释成 0 μg/ml, 20 μg/ml, 40 μg/ml, 60 μg/ml, 80 μg/ml, 100 μg/ml, 120 μg/ml 的不同浓度梯度的使用液。

(3) HPLC 检测　检测条件:流动相 0.1% 草酸溶液,流速 1.0 ml/min;检测波长 254 nm,进样量 5 μl,柱箱温度 30 ℃。

(4) 轮虫维生素 C 含量的计算　根据维生素 C 标准溶液的检测结果,制作峰面积-维生素 C 浓度的标准曲线(图 20-1),根据待检测轮虫提取液的峰面积,推算轮虫提取液的维生素 C 浓度,并求算轮虫样品中的维生素 C 含量。

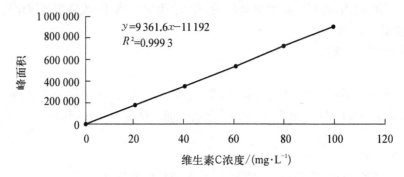

图 20-1　维生素 C 的标准工作曲线(引自侯曼玲,2004)

【注意事项】

1. 在强化过程中,应该采用洁净消毒的海水。
2. 在强化的过程中,应该保持注意轮虫的活力,如出现活力下降,应及时捞出。

【实验结果】

1. 在显微镜下测定不同乳化时间(2 min、3 min、5 min)下乳化油脂的颗粒大小。
2. 取样统计强化过程中轮虫的成活率。
3. 根据维生素 C 检测结果,分析维生素 C 强化效果,并探讨影响轮虫维生素 C 强化效果的因子。

【思考题】

1. 为什么在轮虫的维生素 C 营养强化过程中要充气?
2. 在营养强化过程中,维生素 C 对水质的变化有影响吗?

(黄旭雄)

实验 21　枝角类的分离与培养

【实验目的】

了解枝角类的分离和一般培养方法。

【实验原理】

枝角类广泛分布于淡水水体中,在一些富营养化的淡水池塘、淡水湖泊、盐水湖泊和海水池塘及内湾等浮游藻类繁生的水体,常栖居着大量的枝角类。枝角类营养丰富,生活周期短,繁殖速度快,对环境的耐受性强,是一种理想的动物性生物饵料。目前,作为生物饵料培养并广泛应用的枝角类主要是溞属(*Daphnia*)和裸腹溞属(*Moina*)的一些种类。枝角类根据摄食方式可分为滤食性和捕食性种类,淡水枝角类(薄皮溞 *Leptodoridae* 除外)大多是滤食性的,主要滤食细菌、甲藻、硅藻、绿藻、原生动物和有机腐屑等。但与轮虫和卤虫不同,大多数滤食性的枝角类有明显的选择摄食能力,包括对食物的大小和质量的选择。在人工养殖过程中,投喂酵母和微藻混合物,能够基本满足滤食性枝角类生长繁殖的营养需求。

【实验材料、仪器与试剂】

1. 实验材料

浮游动物网、塑料提桶、尼龙筛网(网目为 1 mm 和 300 μm 各一块)、2 000 ml 的小型玻璃缸、塑料虹吸管、粗口胶头滴管、试管、小球藻液、酵母、100 ml 三角烧瓶、小型充气系统、凹玻片。

2. 实验仪器

解剖镜。

3. 实验试剂

鲁哥氏碘液。

【实验步骤】

1. 水样的采集

一般在水温达 18 ℃以上时,可选择合适的水体进行采集。尤以生活污水出口处附近的水域更为理想。可在清晨或黄昏时或晚上灯诱后用浮游生物网(网目约为 200~250 μm)采集。将采集得到的浮游生物暂养在塑料提桶内带回实验室。

2. 初步分离

用网目为 1 mm 的尼龙网过滤去除大型杂物,收集滤液并将其装入 2 000 ml 的玻璃缸中。用台灯从一侧照光,将枝角类光诱到局部水体。用塑料管将聚集在一起的枝角类转移到另一干净的水体中。

3. 挑选

用粗口胶头滴管吸取枝角类,将其滴加到凹玻片中,在解剖镜下观察并确认是否为所需目标溞种。

4．培养

将确认的且怀卵的目标溞转移至试管或 100 ml 三角烧瓶中,用与原生长水体相似的培养用水培养,每天投喂少量酵母和微藻混合物,必要时换水,即可将分离得到的枝角类逐步培养起来。等到枝角类数量增加后,更换大的培养容器,并安装充气系统,以保证分离得到的种群能够正常的生长繁殖。

【注意事项】

1．枝角类分离挑选可多选择一些目标溞种放入不同试管或 100 ml 三角烧瓶中,以防止选择错误枝角类或者防止扩大培养失败。

2．在枝角类培养过程中,种群密度不可过大,应及时扩大培养水体,否则会因发生拥挤或缺氧现象而死亡。

【实验报告】

1．观察并描述所培养枝角类的发育及形态。

2．记录培养过程中枝角类的种群密度增长及投饵料的情况。

【思考题】

枝角类的分离和轮虫的分离有什么不同?

（黄旭雄）

实验 22 有效氯的测定

【实验目的】
1. 掌握滴定法现场测定次氯酸溶液或漂白粉的有效氯含量；
2. 掌握消毒培养用水中残余氯的定性检测的方法。

实验 22.1 硫代硫酸钠法测定有效氯含量

【实验原理】
次氯酸钠溶液、漂白粉、漂粉精等含氯的消毒剂是生产上生物饵料培养过程中最常用的消毒药物。含氯消毒剂起消毒作用的物质是其中所含有的原子态的氯，也称之为活性氯。然而，活性氯又是不稳定的，在存贮和使用过程中会转化成其他氯形态，也就失去了消毒杀菌的作用。因此，含氯消毒剂在使用前需要测定其真实的有效氯含量，从而保证实际采用的消毒措施具有应有的消毒效果。

在 pH 低于 8 的环境中，原子态的氯可以与碘化钾溶液中的碘发生置换反应，置换出来的碘分子遇到淀粉会变蓝色。同时碘分子还能与硫代硫酸钠溶液反应，生成连四硫酸钠和碘化钠，从而使蓝色消退，利用颜色的变化可以判定有效氯是否有残留（反应式如下）。

$$2[Cl] + 2KI = 2KCl + I_2$$
$$2Na_2S_2O_3 + I_2 = Na_2S_4O_6 + 2NaI$$

【实验材料、仪器和试剂】
1. 实验材料

1 ml 和 10 ml 移液管、250 ml 三角烧瓶、滴定台架、碱式滴定管、100 ml 量筒、200 ml 白色试剂瓶、100 ml 容量瓶、1 000 ml 容量瓶、1 000 ml 试剂瓶、500 ml 玻璃烧杯、试管、胶头滴管、药匙、玻璃棒、次氯酸钠溶液、氯消毒海水。

2. 实验仪器

电子天平、电炉。

3. 实验试剂

$Na_2S_2O_3$、KI、淀粉、CH_3COOH、蒸馏水。

【实验步骤】
1. 溶液的配置

（1）淀粉指示剂的配制　　称取 1 g 淀粉，将其溶解到少量冷蒸馏水中，然后将其转移到 200 ml 沸腾的蒸馏水中，搅拌片刻后，静置过夜，然后将上清液转移到 200 ml 白色试剂瓶中，同时向试剂瓶中加入 0.25 ml 冰醋酸，摇匀后 4 ℃保存待用。

（2）0.1 mol/L 的 $Na_2S_2O_3$ 标准溶液的配置　　准确称取 12.409 g 分析纯 $Na_2S_2O_3 \cdot 5H_2O$ 晶体，将其溶解，并用煮沸冷却的蒸馏水定容到 1 000 ml 的容量瓶中，待用。

（3）漂白粉上清液的配置　　　称取漂白粉 10 g,加水混合,充分搅拌转移到 100 ml 容量瓶定容,静置后取上清液,待用。

2. 有效氯含量的滴定

1）取 0.5~1 g KI 溶解到装有 50 ml 蒸馏水的 250 ml 三角烧瓶中,然后向其中加入 5 ml 冰醋酸,摇匀。

2）量取 1.0 ml 待测的次氯酸钠溶液或漂白粉上清液,加入上述烧瓶中,摇匀。

3）在滴定管中加注 0.1 mol/L 的 $Na_2S_2O_3$ 标准溶液,然后向上述烧瓶中滴加 $Na_2S_2O_3$ 标准溶液,直至烧瓶中的黄色接近消失,再往烧瓶中滴加 1 ml 淀粉指示剂;继续滴加 $Na_2S_2O_3$ 标准溶液,直至反应溶液中蓝色消失。记录滴定终点时所用的 $Na_2S_2O_3$ 溶液体积。

3. 有效氯含量的计算

有效氯含量(mg/L)＝3.54 × 滴定消耗的 $Na_2S_2O_3$ 标准溶液的体积(ml)× 1 000

4. 消毒培养用水中残余氯的定性检测

取 5 ml 经有效氯消毒后的培养用水装入试管中,向其中加入少许碘化钾颗粒,摇晃将其溶解,然后向试管中滴加淀粉指示剂,若溶液变蓝,则说明尚有余氯残留,若溶液不变蓝,则表明无余氯残留。

【注意事项】

1. 此方法适合于养殖现场快速检测氯的含量及残留。

2. 次氯酸钠溶液具有强氧化性和腐蚀性,操作过程中要注意安全,防止损伤眼睛及衣物。

3. 碘化钾的添加用量应视有效氯的含量而定,有效氯含量低,则碘化钾的用量也低。要保证碘化钾在置换反应中处于过量状态。

4. 滴定及试剂配制过程中应防止阳光直射。

5. 硫代硫酸钠溶液要现配现用。

【实验报告】

记录样品测定过程中消耗的硫代硫酸钠溶液的量,并计算消毒剂的有效氯含量。

实验 22.2　蓝黑墨水法测定有效氯含量

【实验原理】

次氯酸钠中的有效氯具有漂白作用,能够将蓝黑墨水漂白,故可根据颜色的变化及消耗蓝黑墨水的体积计算漂白粉中有效氯含量。

【实验材料、仪器和试剂】

1. 实验材料

1 ml 移液管、白瓷碗、玻璃棒、100 ml 量筒、药匙。

2. 实验仪器

电子天平。

3. 实验试剂

未掺水的英雄牌蓝黑墨水、蒸馏水。

【实验步骤】

1）吸取需做有效氯含量测定的次氯酸钠溶液 5 ml 或称取漂白粉 5 g。

2）用冷开水把次氯酸钠溶液稀释到 100 ml，或将漂白粉加水混合并研磨，共稀释到 100 ml，充分搅拌后静置。

3）待溶液澄清后，用移液管吸取一定量的上清液，移液管垂直，一滴一滴地滴于白瓷碗中，共 38 滴（不能多滴或少滴），并记下用去上清液的毫升数，再用 38 滴除其量，得出每一滴上清液的毫升数。

4）将上面用过的移液管洗净擦干，吸取少量的蓝黑墨水润洗移液管，然后再吸取定量的蓝黑墨水向瓷碗中的待测溶液进行滴定，一边滴定，一边用玻璃棒搅拌均匀，溶液颜色由棕色变为黄色，最后出现稳定的蓝色时，即为滴定终点，记下所用蓝黑墨水的毫升数。

5）计算：次氯酸钠溶液（或漂白粉）的有效氯含量（%）＝消耗蓝黑墨水的毫升数/每一滴上清液的毫升数×（1/100）。

【注意事项】

1. 滴次氯酸钠稀释液或漂白粉上清液及滴蓝黑墨水时，都必须把移液管垂直，这样滴出的每一滴的容积是一致的。

2. 测定全过程要在 0.5 h 内完成，所得到的结果才基本一致，因此要求动作要快。

3. 在漂白粉取样时，容器的上、中、下各层都要取一定的分量，均匀混合。

4. 此法测定简单方便，但精确度不如实验 22.1 硫代硫酸钠法。

【实验报告】

记录样品测定过程中消耗的蓝黑墨水的量，并计算消毒剂的有效氯含量。

【思考题】

培养用水的消毒方法除了有效氯消毒法，还有哪些方法？各种方法各有什么优缺点？

（黄旭雄）

参 考 文 献

陈明耀.1995.生物饵料培养[M].北京：中国农业出版社.

成永旭.2005.生物饵料培养学[M].北京：中国农业出版社.

侯曼玲.2004.食品分析[M].北京：化学工业出版社.

黄秀梨.1999.微生物学实验指导[M].北京：高等教育出版社.

蒋霞敏.2010.营养与饵料生物培养实验教程[M].北京：高等教育出版社.

李何芳,周汉秋.1999.海洋微藻脂肪酸组成的比较研究[J].海洋与湖沼,30(1)：34～39.

廖承义.1990.卤虫的发育与蜕皮[J].青岛海洋大学学报,20(2)：70～78.

赵文.2005.水生生物学[M].北京：中国农业出版社.

Bligh E G, Dyer W J. 1959. A rapid method of total lipid extraction and purification[J]. Canadian Journal of Biochemistry and Physiology, 37：911-917.

Folch J, Lees M, Stanley G. H. S. 1957. A simple method for the isolation and purification of total lipids from animal tissues[J]. Journal of Biological Chemistry, 226：497-509.

Merchie G, Lavens P, Sorgeloos P. 1997. Optimization of dietary vitamin C in fish and crustacean larvae: A review[J]. Aquaculture, 155：165-181.

Persoone G, Orgeloos P, Roels O and Jaspers E. 1980. The Brine Shrimp Artemia [M]. Wetteren: Belgium Universa Press.

Robert A Browne. 1991. Artemia Biology[M]. Boca Roton: CRC Press.

Sorgeloos P, Lavens P. Leger Ph. et al. 1986. Manual for the culture and use of brine shrimp Artemia in aquacultue[M]. Belgium: State University of Gent.